U0135988

打破大腦偽科學

右腦不會比左腦更有創意，男生的方向感也不會比女生好

HIRNRISSIG

Die 20,5 größten Neuromythen - und wie unser Gehirn wirklich tickt

Henning Beck

漢寧・貝克——著
顏徽玲、林敏雅——譯

|目次|

Contents

導論 問候腦的一封信 005
迷思一 腦科學家可以讀腦 011
迷思二 用腦幹思考就是比較原始嗎？ 025
迷思三 腦是由模組組成的 037
迷思四 邏輯的左腦、藝術的右腦：兩個腦半球思考大不同 049
迷思五 腦是愈大愈好 061
迷思六 喝醉酒和頂球會讓神經細胞一去不復返 073
迷思七 男女腦，大不同 083
迷思八 我們只用了一〇%的腦 095
迷思九 腦力訓練讓你變聰明 107
迷思十 我們都有專屬的學習類型 119
迷思十一 小小的灰質細胞獨立完成一切 131

迷思十二　腦內啡讓人high　145
迷思十三　睡眠是大腦的休息時間　157
迷思十四　補腦食品愈吃愈聰明　171
迷思十五　腦就像完美的電腦　183
迷思十五・五　腦的儲存空間實際上是無限的　195
迷思十六　我們可以一腦多用　205
迷思十七　鏡像神經元解釋我們的社會行為　217
迷思十八　智力是天生的　229
迷思十九　少壯不努力，老大徒傷悲　241
迷思二十　腦研究將解釋人類心智　253
學習如何對抗腦神經迷思　264

導論　問候腦的一封信

親愛的腦：

這本書是為你而寫的。因為我覺得你實在太可憐了。

你這個美妙的器官，形狀奇特、質感濕滑、高高坐鎮在其他器官之上，指揮身體該做些什麼。從我們懂得思考以來，所有的思想都圍著你團團轉。我們知道你有多麼重要，你開創各種想法、設計優美的圖案與文句、懂得作曲，又有豐富的想像力。

但是我們竟然以道聽塗說來回報你；談論到你時，盡說些似是而非的童話和傳聞。你可以說是所有器官中，最具傳奇色彩的一個，因為沒有其他器官可以像你一樣，得到這麼多迷思和謠言的加持。

你總是引發我們的各種遐想，怎麼會這樣呢？因為你決定了我們的一生：從想吃香草布丁的欲望到失戀的苦惱；從閱讀星期日的報紙到搭乘雲霄飛車的快感；這一切都歸你管轄。你的內心深處埋藏了親和力和合作能力，你造就了我們的溝通奇蹟（可以同時聊天、通電話、寫電子郵件），還讓我們成了富有創意的天才（發明了溝通時必備的智慧型手機）。我要在此鄭重謝謝你，因為實在太少人表揚你所付出的一切了。

然而，正是因為對你的了解實在太有限，我們才會如此放肆地以為，揭開你神祕面紗的時刻即將來臨——畢竟我們最近已經可以用不同的機器近距離觀察你，而且還自以為是地宣告，我們可以看見你如何思考、知道你在想什麼。我們用了一堆簡單的比喻來解釋你的運作方法。大家對你的期望可多了！

你是完美的運算機器，在這完整的寶庫內有不同的模組與處理中心，分成創意的右腦和邏輯的左腦，有上兆個細胞幫你工作。你的容量無限大（據說只用了最大效能的一〇％來工作）。你跟肌肉組織一樣，靠著健康飲食和腦力訓練可以訓練並提高你的效能。

這些謠言裡，能信的其實少之又少，你比誰都清楚。

很多關於你的討論，並不是事實。正因為人們對你所知太少，所以才可以這樣肆無忌憚地編造關於你的故事。畢竟要證明你不止開發了一〇％的能力，或證明左腦的創意不比右腦差，一點也不容易。

事情會演變成這樣，我覺得很遺憾。因為你比傳聞中更刺激、更有趣，我們真的不應該用那些一知半解的謠言來回報你。首先，為了表示對你的敬意，我們不該將一堆與腦神經相關的迷思硬套在你身上。再者，我們對你所知也不少了，確實沒有理由再胡言亂語了。什麼補腦食品（Brainfood）、多工（Multitasking）、快樂荷爾蒙……你應該快給整死了吧！

如今，每樣東西都得冠上「神經」兩個字才夠酷。光是解釋你如何用些許腦細胞組成一個小小的工作網絡，或者解釋你如何來來回回發送神經脈衝（其實這真的是個很迷人的過程），似乎不能滿足我們；我們非得打開黑盒子不可，非得破解思想、治療所有疾病、破解「神經密碼」（了解從神經脈衝到形成意識的過程，以及我們如何改變這個過程）。為了達到這些目的，我們打造貴得嚇死人的機器，好看看你「到底在想些什麼」。摩登酷炫的腦科學帶來的種種新發現，讓我們自豪不已、得意忘形，馬上拿腦科學來解釋一切事物。不誇張，真的是一切事物，然後把它們命名為神經倫理學、神經溝通學、神經經濟學之類的。這些套上「神經」二字的科學領域，經常只是在硬梆梆的事實裡夾雜了譁眾取寵的誇張理論。我們實在被這些小小的進步感動到啞口無言，不得不用一些聳動的標題，把平庸的研究結果當成「了解意識的大突破」來慶祝。這樣的標題一下，當然才能馬上吸引到讀者的目光。

我承認自己也是為你癡狂，所以才成了腦科學家。我也認為你是回答人性根本問題的關鍵。只要知道你是怎麼運作的，就可能有機會理解人類的思考方式以及某些行為的動機。幸好，我很快就發現事情沒有我想像中簡單。你遠比我們聽到的那些謠言複雜，而且你的魅力更是無人能及。

腦科學其實是一門艱難費勁的研究。新的發現得經過長時間的鑽研，解釋你如何運作的模型也非常複雜。問題就出在這裡，在這個講求效率的時代，連研究都得又快又簡單。於是，在你所擁有的眾多神經網絡中，負責處理正面情緒的那一個，被我們簡化成了「快樂中樞」。再加上因為無法了解你的思考過程，我們就隨隨便便地認為，你運作起來像一部電腦，裡面有硬碟、記憶體和中央處理器——這些譬喻都取材自我們認識的世界。

親愛的腦，因為我實在太喜歡你了，所以我精讀、鑽研關於你的一切。當其他人在那裡搬弄是非、閒言閒語時，我真的深表同情。是該終止這些流言的時候了。雖然我也在此搭上「神經」的順風車，不過並不是要藉腦科學創造新的傳聞，這工作就留給別人做吧。我的當務之急應該是跟最常見的迷思宣戰。當然，這也要仰仗神經科學才辦得到，有很多神經科學的發現可以用來破除這些迷思。

為了幫你，我打算從小處著眼：我會將一個個腦迷思串聯起來，並且一一說明哪些是正確的，哪些是錯誤的。有些傳聞其實是完全錯誤、天大的謊言，有些傳聞立意良好，至少距離真相不遠、大方向正確。畢竟每個童話故事都有一個真實的核心，只是點綴了許多誇張的情節（將往事與回憶加油添醋、增添戲劇色彩並且樂此不疲，這樣的經驗你一定也有過吧？）

做這件事最棒的地方在於：我們不必用複雜難懂的方式來解釋你有多麼複雜。是啦，腦科學也不是三言兩語就能說完的。但是，如果可以用簡單明瞭的方式來解釋這些複雜的過程，就能幫助大家了解你。在此發表長篇大論的科學論文，一點幫助也沒有。我希望借用傳說故事醒目、聳動、易懂好記的特色（但在科學上是正確無誤的），來攻破關於你的謠言。親愛的腦，這是我欠你的。

現在，你們這些腦迷思可繫好安全帶啦，腦科學要展開絕地大反攻了！

|迷思|
1

腦科學家可以讀腦

敬愛的讀者，請注意了！我的名字叫做漢寧．貝克，而且我可以讀取你腦袋裡的想法！畢竟我也是個腦科學家，懂得怎麼使用超先進科技來觀察你的腦是怎麼思考的：我們只要把人推進「大腦掃描器」（例如：核磁共振器），就可以知道大腦在做什麼了。

用這種大言不慚的方式來自我介紹，一定馬上讓你眼睛一亮。不過你應該也不會大驚小怪，畢竟報章雜誌上經常充斥著「科學破解人腦思考」的字眼。差不多在二〇一三年初，《專案經理雜誌》（*PM-Magazin*）的標題寫著：「我知道你在想什麼——讀心術的藝術已經從馬戲團的鬧劇演變為腦科學的熱門主題[1*]」。二〇一一年時，《商業日報》（*Handelsblatt*）對未來的願景就已經是：「大腦掃描——解讀思考的大躍進[2]」。

破解思考一直是人類的夢想，令人著迷不已。誰不希望知道一起吃早餐的對象把果醬塗在麵包上時，腦子裡正想些什麼呢？

要知道一個人腦子裡在想什麼，有兩個前提：一是會思考的大腦，二是某個能「讀懂」大腦的東西。會思考的大腦到處都是，一點也不缺，因為大腦無時無刻都在思考，沒有休息（這點可能讓某些人很驚訝）。也許我們會覺得腦殘網球選手鮑里斯．貝克①的推文看起來沒頭沒腦，但是不騙你，他的想法也許很膚淺，但是就連他的大腦也是分分秒秒都在思考。神經細胞的確不停地工作、交換訊息。思考（也就是大腦的活動），的確是生命的必要條件。我們可以選擇：我思故我在——或者是腦死。

測量人的思想

除了會思考的大腦，我們還需要測量的方法。這些方法通常既複雜又昂貴。為了讓人一聽就知道這些方法有多複雜，所以測量方法的（德文）名稱也很難發音，例如「功能性磁振造影術」（funktionelle Magnetresonanztomographie）或「腦波圖」（Elektroenzephalographie），讓人一聽就知道很重要。加上這些儀器的造型也很有未來感，所以腦科學給人一種很酷炫的印象。

問題歸納起來其實只有一個：我們這些新時代的科學家，是否真的能運用這些高科技儀器來「測量」大腦正在想什麼？

答案是……且慢，先讓我從頭講起。我們想知道大腦在想什麼，第一個會遇到的問題就是：想法稍縱即逝。思考只是不同神經細胞間電訊號的交流。單一神經細胞的電訊號其

＊本書中1、2、3阿拉伯數字為原書作者註，一律放在全書末；①、②、③等為譯者註，隨內文出現在頁末。

①鮑里斯．貝克（Boris Becker, 1967-），已退役的德國網球選手，有「德國網球金童」之稱，曾世界排名第一，六度拿下網球大滿貫冠軍，後因縱情恣欲、花錢如流水，二〇一七年被倫敦法院宣告破產。

實很微弱，要測量它產生並傳送到神經纖維的電流十分困難。最直接的方法，是將電極直接接在神經細胞的細胞膜上，然後測量它的神經脈衝。太棒了，這樣我們就可以實況觀察神經細胞在做什麼，跟竊聽電話一樣（我們知道，那一點都不難）。如果只想觀察幾個神經細胞，這種方法還行得通，但是人人都知道大腦裡的神經細胞不是幾個，而是八百億個。這個事實使得這種測量方法變得很混亂。當然，我們也可以把焦點放在少數幾個神經細胞（或細胞群）上就好，不過我們還是得先切開大腦，把電極放進去。（雖然實務上，這件事確實可透過腦部手術辦到，）但事實證明，很少人願意當這種研究的受試者。

偷聽大腦的加油歌

比較聰明省力的方法，是同時偷聽整個神經群組。這種方法叫做「腦波測量技術」，能夠繪出一個人的腦波圖。腦波測量技術的原理如下：當神經細胞產生脈衝時，會形成一個微弱的電場。成千上萬個神經細胞緊密聚集在一起作用時，這個電場就會大到在頭顱外還偵測得到。而且這個方法很好執行，只要在頭皮上放很多電極就可以了。這種方法的優點是，它同樣容許腦科學家及時觀察到神經細胞傳導脈衝的實況。但缺點是，產生訊號的確切位置並不清楚。這就好比你在足球場裡可以聽到不同的加油歌，也可以大致猜測傳出的方向，但是無法正確指出加油歌是從何處發出來的（而且歌曲的內容也是模糊不清）。要破解思考的奧祕，不能只探究大腦裡發生了什麼事，也得知道發生的部位在哪裡！電訊脈衝的位置確認後，才能分辨各種思考模式之間的不同。

你的彩色大腦圖

測量大腦活動最受歡迎的方法肯定是「功能性磁振造影」了。很多人以為，只要把人送進一個圓形的「核磁共振器」後，機器就能解讀大腦活動了。畢竟它號稱是「大腦掃描器」。難道不是如此嗎？事實上，功能性磁振造影比人們想像的要再複雜一些——雖然這機器說穿了就是兩個簡單的東西組合起來的：無線電波加上磁鐵。在你靠近核磁共振器之前，你得趕緊把自己手上的勞力士錶拿下來。因為核磁共振器的磁場強度可是超過地球磁場的十萬倍，你的手錶可能會馬上變身成昂貴的子彈，打死疏忽的實驗室助理。非得用這麼強的磁場，才能得到良好的影像品質，這也是為什麼這個機器會這麼吵的原因。但是放射師是怎麼做出那些報章雜誌上常見的彩色大腦圖的呢？

功能性磁振造影測量的是大腦裡最常見的東西：不是思想，我得讓你失望了，這個機器測量的是水。說的更精確一點，是水分子裡面的原子。這些原子具有磁性，好比很多小磁鐵。當我們處在強大的磁場中時，體內的氫原子會依據大磁場呈水平方向排列整齊。有一點要先說明：氫原子非常懶惰，一百萬個原子裡面大概只有一個會乖乖排好。還好一個骰子大小的大腦組織裡就有40乘以10^{21}個氫原子存在水分子裡，所以綽綽有餘了。

有趣的是，氫原子所在的位置不同，對射頻發射器發出的無線電波就會有不同的反應。這些射頻脈衝作用的時間短到無法察覺，但是在磁場下的氫原子會與其產生共振。這也是核磁共振的名稱由來。原子停留在共振狀態下的時間很短，很快又會受大磁場影響，重新排好。這個重新排好的過程會產生電訊號，不同地方的氫原子訊號也不同，例如軟組織、脂肪、或堅硬組織的氫原子訊號都不一樣。利用這種特性，核磁共振器便可將腦部結構圖像化，先一層一層分析切面，組合後就能得到全貌。

截至目前為止一切都好，但是它還是沒說出大腦到底哪個區域正在活動，這時人們得要用到另一個技術：核磁共振器記錄到的訊號，會因腦部各區的血流狀況而有所不同。如果連續造影多次，就可以看出區域間血流量的差異：血流量較大的區域表示活化程度較高，血流量較小的區域就表示活化程度較低。人們可以藉此間接取得大腦的活化模式，判定哪裡活動較多，也就是說，哪個腦區正在進行思考。

這個技術稱為「造影」。其實這個名稱很貼切，也揭開了這個技術的廬山真面目——它是人工合成的圖像。造影技術和X光攝影並不相同，X光攝影照下來的是真實的結構與位置（例如，某根骨頭實際位於軟組織裡的哪個位置）。造影原理則是先測到很多訊號，接著處理、過濾、分類這些訊號——直到用電腦人工合成出大腦的血流量狀況圖為止。

大腦測謊機

功能性磁振造影過程十分繁瑣，但是它的成就相當驚人。這個方法可以測出受試者正在想的是兩件事當中的哪一件，準確率高達八〇％，前提是受試者乖乖地躺在核磁共振器裡。如果使用更複雜的分析方法，還可以辨識出在一千張圖片當中，受試者看的到底是哪一張[3]。核磁共振器還可以當成低階的測謊機[4]。首先，我們需要分別取得受試者說真話時和說謊時的腦部活動圖（精確來說，應該稱做腦部的血流活動）。比較這兩種狀態下的腦部活動有何差異，就可以知道說謊所需要額外活化的腦區在哪裡（目前科學理論認為，說謊需要較強的思考活動來抑制說真話狀態，也就是，說謊比較費腦力）。藉由觀察這些腦部活動，我們幾乎可以百分之百肯定受試者到底是說真話還是搖擺不定。不過，在搞得吹牛大王緊張兮兮之前，我得先說明：這種技術只有在受試者願意配合測量校正時才行得通。再說，整個測量過程非常耗費精力，只要稍有閃失，例如受試者在機器裡彈了一下手指，整個「大腦掃描」可能就前功盡棄了。

思想是自由不受拘束的

你可能要喊：「萬歲，再一小段路，我們就可以解開做夢、記憶、思考過程的奧祕了！」可惜的是（或者該說好險），腦科學離這個境界還有很遠很遠很遠的路要走。就算是精雕細琢過的大腦掃描圖，也無法重現真實的大腦認知活動歷程。不用想也知道，因為我們根本沒有直接測量思考的方法。儘管神經網絡活動的方式確實構成了腦袋的思考，但是任何單一個想法都是腦中所有訊號的整體傑作，是好幾千萬個神經細胞的活化模式。又因為神經細胞每秒鐘可發出五百個新的訊號，所以其活化模式可說是瞬息萬變。而這種瞬息萬變的過程，是無法用功能性磁振造影來探究的，因為它測量的僅僅是「血流模式」，也就是哪個腦部區域的血流量較大，哪個區域的血流量較小。這種研究的假設是：哪個區域的思考活動多，所需的能量也較多，所以該區的血流量會變大。雖然這種想法看似合乎邏輯，但是卻有兩個致命的缺點。

第一，這是一種間接的方式。拿之前的足球場來比喻好了，這就像用球迷區的飲料和烤香腸銷售量來判定哪一區球迷的情緒最高昂一樣。哪一區最後留下來的垃圾最多，也可能代表那裡的球迷最亢奮。也許在某些個別狀況下，這個假設確實成立，但是哪個足球迷如何為他支持的球隊大聲加油，我們仍舊不得而知。我們只能知道發生的位置罷了。

這個方法的第二個缺點是它太慢了。對飛快的神經脈衝來說，這個測量法實在慢得可以。大腦裡正常脈衝的速度約為每小時四百公里，而功能性磁振造影術要完成一張片子，需要將近兩秒的時間，這兩秒內可以發生的活動實在太多了，大腦辨識一張圖片或一個臉孔大概只需要千分之幾秒，所以用這種龜速的方法來測量來去如飛的念頭，實在是……呃，說得保守點……很有企圖心。這就好比在一級方程式的賽車場上，找個固定的位置站好，每兩秒拍一張照片一樣。你可能會拍到一堆充滿藝術氣息的模糊照片，但是賽車本身卻是看得不清不楚。

用腦想一下歌星佛洛安・席伯埃森（Florian Silbereisen）！

功能性磁振造影還有一個根本的問題：它雖然可以確定大腦某個區域正在進行某種思考過程，消耗了特別多的能量，但是思考的內容到底是什麼，卻是完全看不出來。為了評估核磁共振器裡的受試者在想什麼，機器必須做校正。這裡用了一個小技巧：我們根本不是測量受試者在思考什麼，而是測量思考這件事和那件事時的差別。嗯，聽起來有點複雜，但是這樣做卻能讓測量簡單得多。想像一下，你想知道某人腦中是否正在想著佛洛安・席伯埃森。至於你為什麼會想知道別人是不是想著佛洛安？問得好，不過我們就先暫時這樣想像一下嘛。於是，你把受試者送進核磁共振器，給他看一張沒有內容的控制圖（例如，一張完全空白什麼也沒畫的圖），並測量其腦部活動，也就是大腦的血流模式。接著，你給受試者看一張這個受歡迎的搞笑綜藝節目主持人的照片。受試者看到照片嚇了一跳，當他正在從驚嚇狀態下回過神時，你又測量了一下他的大腦血流狀態。這兩組測量結果之間的差異，就被定義為受試者大腦內的「佛洛安・席伯埃森活動」。從這個例子我們知道，這並不是真的在解讀腦子裡的想法。受試者在機器裡到底有沒有真的在想佛洛安・席伯埃森（還是他腦中突然浮現的是某首可怕的民歌），沒有人可以拍胸脯保證。

這個方法雖然可以區分出大腦正想著不同的事，但是請注意：這些差異微乎其微。這裡的血流量多一點，那裡的血流量少一點，實在很難分辨。想要呈現這種微乎其微、根本沒有人會注意到的差異時，該怎麼做呢？把差異處塗上顏色，就能看得比較清楚了！報章雜誌上看到的大腦掃描圖顏色很多很美，就是這個原因。看到這種圖片，你可能會以為它們是灰灰的大腦工作時拍下的照片，紅色「發光」的地方就是大腦活化的區域。事實上，那些腦區根本不會發光，只是人們將測量結果人工上色。一般人以為這些彩色的地方就是大腦活化的地方，其他灰色的地方表示沒有大腦活動，這是大錯特錯。實際上，圖上所見的所有灰色腦區也在工作，只是因為如果沒有用強烈的對比顏色呈現，大腦掃描圖上將會什麼都看不出來。

拿一堆人的大腦來平均

功能性磁振造影還有一個難處：人類的大腦和其他大自然的產物一樣有生物性差異。大腦的運作是非常動態的，同一個大腦必須連續測好幾次，才有辦法把背景雜訊（腦的持續思考動作）過濾掉。這麼做還不夠，有時候，腦科學家還會組合不同大腦的掃描結果，來找出一個清楚的測量訊號。下回看見一個五顏六色的「大腦掃描圖」時，你就知道真相是什麼了：那是電腦的人工合成圖。圖上顯示的並不是某個人的腦，而是一堆人的腦的統計平均值，點綴些漂亮的顏色，好讓你看得清楚點。

當電視上的科學節目提到「神經行銷學：窺探顧客大腦」時[5]，你大可抱持懷疑態度。各產業目前對這種讀腦術瘋狂不已。為了提升好萊塢電影品質，他們用功能性磁振造影研究受試者的大腦活動（結果讓人大吃一驚，他們發現大腦處理2D電影和3D電影的模式不同，有誰會料到呢[6]!?）；人們也試著藉由大腦掃描來解釋為什麼可口可樂比百事受歡迎，明明這兩種飲料喝起來都一樣[7]；還有，為什麼男人喜歡看跑車勝過客貨兩用車[8]。下回有專家告訴你，他知道你看著某個品牌商標時腦子裡在想什麼時，你大可半信半疑。做出這種大膽結論的腦研究，多半是在人工條件下完成的，也就是讓受試者躺在價值一百萬歐元的機器裡，頭部固定在管狀托架上，耳朵戴著防噪音的耳機，還被警告不准亂動。我不知道你平常是怎麼買東西的，但我買東西時可不是這個樣子。

立體像素王國

功能性磁振造影無法讀腦的另一個原因是：太粗糙。功能性磁振造影的測量數據資料量非常龐大，根本無法一一呈現在圖上。所以科學家得先決定要研究的區域有多大。一般來說，我們觀察的是小容積裡的血流狀況，也就是立體像素（Voxel，這個字是由容積〔Volume〕和像素〔Pixel〕組合而成的）。一個立體像素大概是大頭針的針頭大小。機器會測量成千上萬個立體像素裡的血流狀況，建構出所謂的大腦「活化圖」。然而，腦組織裡的神經細胞非常密集，一個立體像素裡少說也有五十萬個神經細胞、五十億個突觸。如果用一千個立體像素來造影，裡頭就有五兆個突觸，它們分別發出強弱不一的神經傳導訊號，並且受到神經傳導物質的調節與影響。

現在，我們每兩秒才測量一次，又不是直接測量神經細胞的電脈衝，只測血流經過之處！也完全沒有考量到我們所觀察的大腦區域內，無數神經細胞如何互動。要是真的能以這種技術讀腦，那可就好玩了。

我們腦科學家到底在幹嘛

綜合以上種種，所以結論是，不行，我們腦科學家沒有辦法讀腦子裡的想法。我們做的不過是「觀察思考中的腦」，這件事已經夠刺激了：我們測量血流狀況，觀察大腦的能量變化。事實上，我們真的可以看見哪個腦部區域正在特別用力思考，並藉此理解大腦思考的分佈狀況。就了解大腦認知歷程的層面來說，這已經帶人類向前跨進了一大步。接下來的章節還會陸陸續續帶我們了解大腦的運作方式，不過，一個人的腦子裡到底在想些什麼，我們一輩子都無從得知了。

| 迷思 |
2

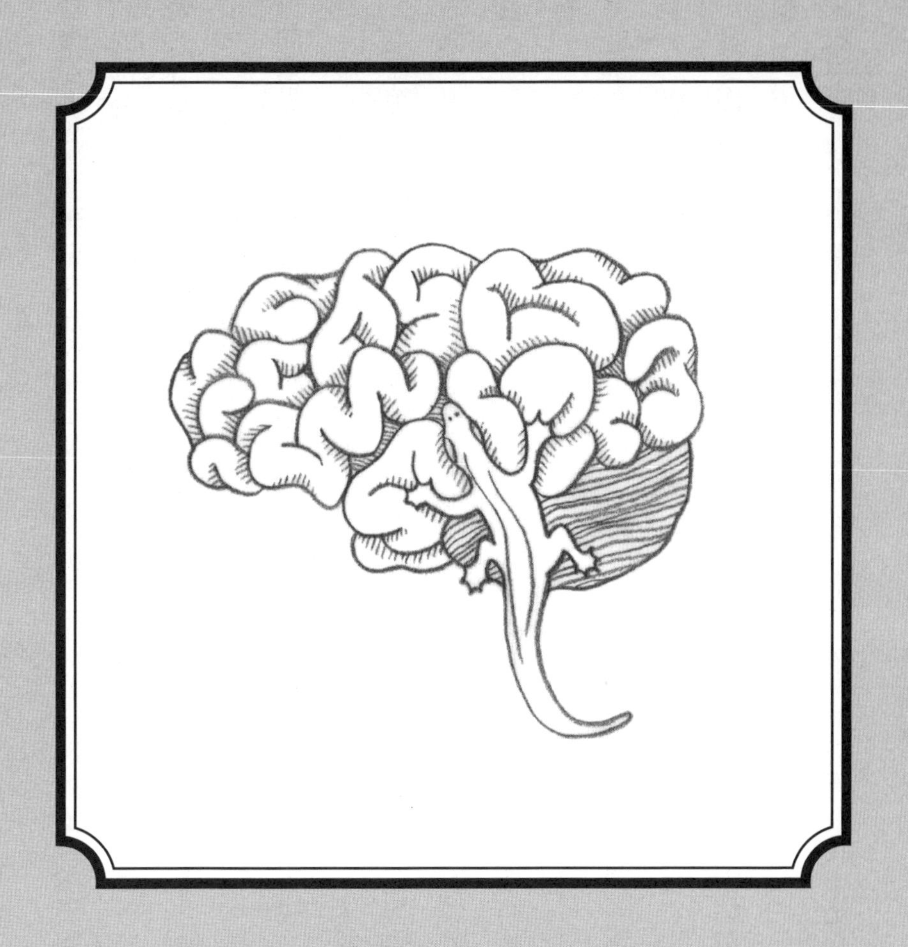

用腦幹思考就是比較原始嗎？

為什麼需要大腦？這問題聽起來很無聊，不過至少科普界提供了一個很簡單的答案：如果我們的行為真要這麼原始沒智慧，用腦幹來行事就好啦——低等行為、吃喝拉撒混吃等死、看八卦電視節目，這些都是腦幹的專長。腦幹是石器時代行為模式的神經生理基礎，它和我們的理智是彼此牴觸的。

說得簡單點，腦幹又被稱為「爬蟲類腦」——它是演化的僅存碩果，幾百萬年來一直沒有改變，唯一的任務就是干擾大腦思考有意義的事。男人看足球賽、女人挑鞋子的時候（小心，這種想法老掉牙了，之後我會有專章說明），在這類狀況下，理智的大腦完全沒有使力的機會，原始的爬蟲類腦才是老大。逃或戰的直覺反應、大男人的裝腔作勢與小女人的愚蠢，一律都是大腦關閉、爬蟲類腦打開。這時候我們的行為和石器時代的祖先完全沒有兩樣。

可不是所有的腦都有好名聲。小腦也一樣可憐，光聽到「小」這個字就覺得它很可憐。名字都已經叫小腦了，哪裡還能成就什麼大事業？他偉大的大腦哥哥才是掌管整家店的老闆，負責高層次的精神翱翔。名聲也不怎麼樣的還有另外兩個腦：中腦與間腦，（又是聽名稱就知道了，）它們是夾在中間的腦。

如果我沒有算錯，完整的頭顱裡至少有放五個腦的空間。天啊！真不是普通的亂！怪不得這裡是孕育迷思和誤解的天堂。接下來的幾章我還會提到這些概念，所以我非得先來上一堂解剖課不可，才不會讓各位迷失在腦的叢林裡。

你我頭殼裡的鱷魚

光是「原始」一詞就讓人誤會了。「原始」指的不是回到遠古時期的原始人狀態，而是一種演化生物學的概念。原始不代表「簡單」、「沒有演進」，而是「最早就在那裡」。比這個原始形式較晚開始的種種發展，科學家稱之為「高等演化」，但是這概念很容易讓人混淆。舉個例子來說明好了：放在游泳池畔躺椅上佔位用的第一條浴巾是「原始的」（照字面意思，也就是「原本就在那裡了」），而第二條放在上面的浴巾則是典型的「高等演化」（照字面意義，就是「後來的發展」）。

談到腦時，「原始」一詞不代表「構造簡單」或「低等」，而是指在演化史上，類似的腦結構已經存在很久了。比方說，爬蟲類比哺乳動物更早出現，牠們也需要用腦生存，畢竟腦是個非常實用的器官，造就了各種快速的身體反應：運動、尋找方向、控制複雜的器官，如心臟和肺臟。為了紀念我們頭殼裡這個在演化上十分「古老」的部分，一知半解的偽神經生物學家就拿「爬蟲類」一詞來幫它命名，也因此給人一種錯誤的印象。

正經八百的科學界確實偶爾會用「爬蟲類腦」這個概念，不過是用來開神祕主義者或心靈訓練師的玩笑。「爬蟲類腦」不是一種解剖學概念，順帶一提，爬蟲類腦活化時，我們也不會用鱷魚的方式思考。所謂的爬蟲類腦，其實是一個由腦的不同部位共同構成的集合體，它不僅錯綜複雜（一點也不原始啊），而且控制攸關生死的身體功能。總而言之，你最好也別使用「幹腦」②這個說法來稱呼腦的這個部位，正確的說法應該是「腦幹」。

腦部的水電總管：腦幹

當我走到家裡的地下室時，會注意到兩件事：第一，我又該動手整理了。第二，房子裡的所有重要管線全都集中在這裡：對外的電線、電箱、水管——所有會干擾住家空間的東西都在這裡。腦的情況也很類似，對外的重要管線都在腦幹。可惜，乍看之下真的看不出什麼端倪，和我家地下室沒什麼兩樣。這裡事實上並不亂，反而是井井有條，但是要看出個所以然來，你可能得先懂解剖學。

相較之下，腦幹的功能清楚多了：它將脊髓和其餘的腦連結在一起。身體的神經纖維有榮幸進入大腦之前，得先集中，然後重新分配。就跟你家的電箱差不多，這裡的開關負責的是基本功能：呼吸、吞嚥反射、眼球運動及平衡感，統統都由此處控制。

有鑑於此，我衷心希望每個人（不管他原不原始）無時無刻都在用腦幹「思考」，畢竟所有重要的維生功能都在這裡。如果你一定要維護你的高等演化文明，停止使用「原始」的腦幹，那我只能祝你好運了。到時你可會無法控制肌肉，困在自己的軀體裡動彈不得。光是想像就覺得慘不忍睹。

說得簡單點，大腦從外面接收到的所有感官資訊，或者反過來傳給身體的運動脈衝，都得經過腦幹——或者由腦幹立即調節反射反應。

腦幹負責的還不只這些：它除了是重要神經路徑的連結中樞，還負責製造腦脊髓液。我們的整個腦部被一層液體包圍住，等於是在游泳。如此一來，你甩頭髮時，腦才有良好的緩衝，不會因為撞擊頭顱而受傷。負責製造腦脊髓液的細胞位於腦幹附近。腦幹不只負責腦的電路，也要控制水管，可以算是腦的總管家。

②「幹腦」是德文字Stammhirn的直譯，Stamm是「幹」，Hirn是「腦」。

花椰菜一般的腦

腦幹有個很重要的特色：它是整個腦的一部分，並非獨立的區域或可分離的腦支架。腦幹和整個系統是整合連結在一起的，它跟中腦、間腦、小腦和大腦一樣，是整個系統的一部分。如果你喜歡花花草草，可以把腦想像成一顆花椰菜，花椰菜有很多小突起，但是所有突起都相連在一起。你的確可以把整顆腦切分成好幾個部分（就像花椰菜一叢叢的花序一樣），但是用這種方式去理解腦，是很狹隘的。因為我們接下來將逐步認識到，腦其實是整個網絡一起運作，而不是一個個腦模組的鬆散組合。雖然腦的不同部位各有自己的名稱（胚胎發展時，我們叫它們「腦泡」），但這不表示這些部位是獨立的。我們的頭殼裡只有一個腦——由於它實在很複雜，所以很可惜，人們連它的解剖構造都講不清楚，讓人誤解。

麻煩你立刻忘掉不同的「腦」，還有它們彼此間的「競爭」關係——理性的大腦對抗本能反應的腦幹，這完全是一派胡言。腦的運作原則只有一個：為生存做出最佳安排。腦的所有部位分工合作（我們下一章會談這個主題），合作無間，毫無嫌隙。現在這個時代，去哪兒找這樣的絕佳組合啊？

還有，如果真要談所謂的本能、直覺，答案其實不在腦幹，而是在間腦和大腦。事實上，要區別「本能」和「理性」分別使用的腦子部位本來就是不可能的事，本能行動和理性行為活化的經常是同樣部位。

間腦是中央祕書處

中腦並沒有名實相符地位於兩個腦半球中間（它只是腦幹和其他腦部位的銜接點），間腦才真的是位於兩個腦半球間、腦幹正上方的結構。間腦位於此處有其道理，因為這裡會過濾所有的感官資訊，決定哪些訊息可以進入大腦。這裡就像中央祕書處，所有的詢問事項都會先由此處過濾，必要時再送進主管辦公室，這也是為什麼很多感官資訊，都是在我們沒有意識到的狀態下處理的。

舉個例子來說：你現在腳上有鞋子嗎？你應該從來沒想過這個問題，因為間腦認為這個資訊並不是很重要，所以沒有讓它進入大腦。但是經我這麼一問，間腦就會接到大腦傳來的任務，讓足部的觸感和壓迫感進入你的意識。大腦現在可以處理這些感官資訊，接著你就會意識到，此刻的自己是穿著鞋還是光腳讀這幾行字。這種過濾資訊的機制適用於所有的感官管道——除了嗅覺以外，嗅覺資訊會直接進入大腦。你的腳是否發臭，只要脫了鞋，你就一定會注意到。

間腦還不只是大腦的祕書。它也維持身體重要的生理平衡：體溫、水分含量、飢餓感、飽足感、體液及荷爾蒙分泌等，全都由間腦來調節。它會時時刻刻監測身體的狀況，並且在必要的時候介入。例如：血量變多時，可能是血液中含水量太多，所以尿尿的時間到了；血糖降低時，覓食動機便會啟動，讓我們覺得肚子餓。飢餓感有兩個意義：一方面，啟動大腦開始尋找可以吃的東西；另一方面，間腦也會啟動，指揮消化液的分泌和胃部的蠕動（肚子發出咕咕叫聲）。從這個例子我們可以清楚知道，即使是低等的本能行為也會由中央統籌處理，而且，腦的不同部位不是各自為政，而是會共同合作。

又大又重要的大腦

包覆著腦幹和間腦、眾所矚目的腦中之王是大腦。說精確一點，它叫做大腦皮質。我們從外面觀察大腦時，所看見的確實只有大腦皮質。這些皮質（拉丁文稱做 *cortex*）厚度為二到五公釐，由密集的神經細胞組成，是演化上的最新產物。人類的大腦特別發達，皺褶多且迂迴曲折，因此頭殼裡放得下非常非常多的神經細胞，造就了人類引以自豪的意識、記憶、語言與感情。

腦的神經細胞大多存在於薄薄的大腦皮質裡，不過位於皮質層底下的大腦其他部分可說是更重要些。皮質層下面是讓神經元與神經元相互連接在一起的神經纖維[9]，等於是說，絕大部分的大腦其實也不過就是一堆插頭和電線。

大腦皮質的眾多皺褶還有一個好處：腦科學家可以拿清楚的腦溝與腦迴當作分界，將大腦皮質分成四個腦葉。最知名的就是額葉，思考重鎮（也就是我們的意識）就在這個地方。理智和聰明才智的基地就是這軟溜溜、充滿血液、奇異果大小的腦組織，幾乎百分之百由水和脂肪組合而成。親愛的理智，歡迎回家！

但是就算是在自己家裡，理智也不一定是老大。因為所有被人們歸咎給（不存在的）爬蟲類腦的低等本能、強烈情緒、直覺等，其實就藏在大腦深處的邊緣系統裡。從「邊緣系統」這個名稱我們就可以看得出來，連腦科學家都還沒完全搞清楚它到底是什麼東西。「系統」一詞已經很籠統了，「邊緣」一詞也同樣不清不楚（實際上，邊緣系統就是繞在間腦的邊緣）。邊緣系統到底是什麼，科學界還沒有定論。總之，用邊緣系統這種不精確的概念，絕對不會錯。

邊緣系統中有個特別的區域是杏仁核（Amygdala）。它不僅對記憶的形成很重要，也控制了我們的情緒。杏仁核會不斷比對記憶中的印象和當下的印象，並藉由比較產生情緒。舉個例子來說，噁心厭惡感是人腦與生俱來的神經歷程，此時你會噁心、身體出汗或進入警戒狀態。但是哪些東西會引發我們的噁心厭惡感，則是由杏仁核決定的，而判斷方式就是比對某個具體畫面（例如一片發霉的起司），和過去經驗及後天養成的行為模式。因此有些人覺得發霉的起司很噁心，有些人則不這麼認為。噁心厭惡感是天生的情緒反應，但是引起這種情緒的事物則是文化習性。

杏仁核不只掌控厭惡感，它也和我們的憤怒、悲傷及喜悅等情緒有關。同樣的定律這裡也適用：人們不時會聽說，杏仁核是獨立的情緒中樞，其實它根本不是。杏仁核必須在大腦、間腦和邊緣系統的其他部分整合所有資訊後，才能產生情緒。

大腦絕對不是純理性的中心。原始的英雄行為和啤酒節上的低俗求偶行徑絕非由遠古的「原始爬蟲類腦」全權負責，還得有譜寫出《快樂頌》③的大腦參與——也就是其他腦區的友情贊助。

以小搏大的小腦

除了腦幹、間腦和大腦，我們還有另一個腦，不過它的名聲也不怎麼好，那就是小腦，位於頸部上方。這個美妙解剖構造的貢獻經常遭人忽略，因為講到腦區和腦區之間的緊密相連，小腦才是這方面真正的大師。大腦皮質的神經細胞平均和一萬個其他神經細胞連結，但小腦的神經細胞則可與超過十萬個神經細胞相連。小腦表面的皺褶甚至比大腦更豐富，內部結構也更為嚴謹細膩。小腦要做的事可多了，它無時無刻都在測量肌肉和肢體的位置，然後與來自大腦的運動脈衝相比對，計算可能產生的誤差，整合新的運動資訊，修正運動模式。長話短說，它保護我們不會跌個狗吃屎。

這聽起來似乎很簡單。但是大腦粗糙的皺褶可沒辦法消化這麼多資訊，於是大腦把這些計算運動的繁雜工作分出來給小腦做。這樣大腦才有更多時間思考生命中重要的事物。別忘了，不同的腦部位不會互相競爭，而是合理地分工合作，取得最佳結果。

---

③《快樂頌》（*Ode an die Freude*）是德國詩人席勒創作的詩歌，後來貝多芬為它譜上音樂。此處是想強調大腦與原始爬蟲類腦的對比：大腦可以創造出偉大的高等文明。

團隊合作至上

請你忘了男人看足球、女人買手提包時用的「爬蟲類腦」。腦裡面並不存在競爭關係（理智 vs 本能）。腦比較像是一支完美的球隊（沒有教練！）——誰都少不了誰。沒有彼此，什麼都做不到。

大腦、邊緣系統、間腦、小腦，光看名稱，我們可能會誤以為腦是由一個個專責區域組成，它們如模組般運作。這一點和我下一章要談的腦迷思有關。

| 迷思 |

3

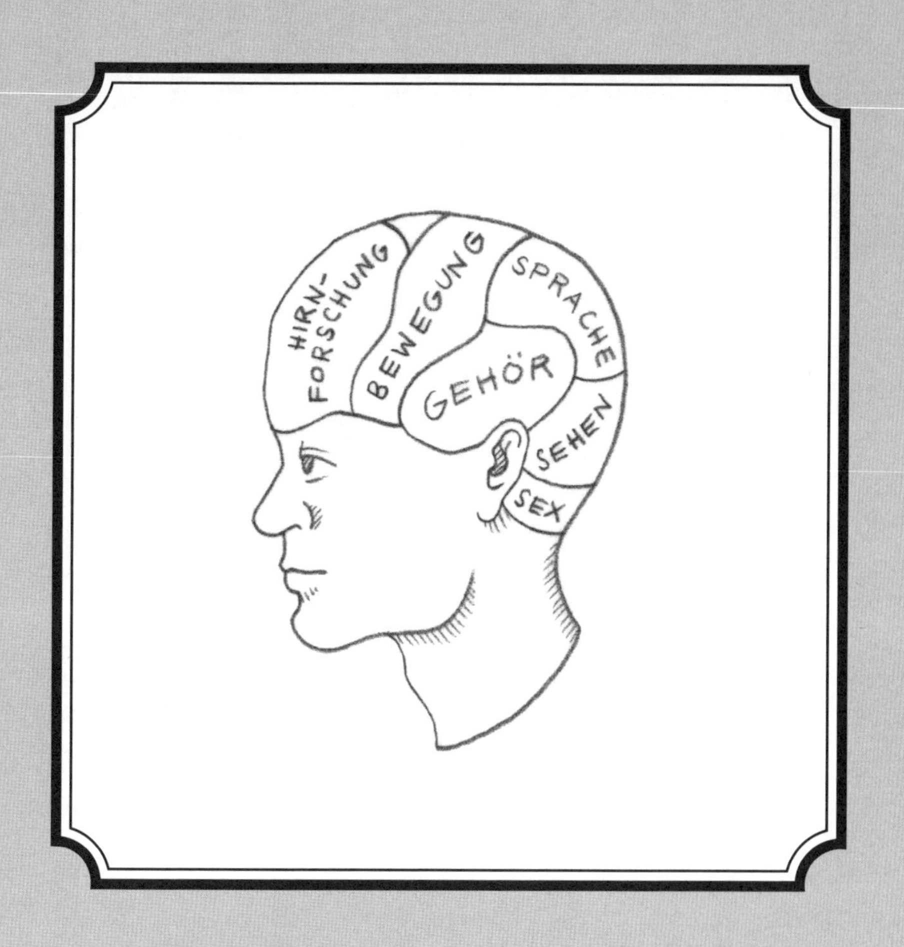

腦是由模組組成的

我們的思考器官——腦——不僅是生物學領域的一大挑戰，也是心理學家、哲學家及其他人文學者熱愛研究的對象，難怪會有這麼多美妙的比喻和故事來說明腦運作的方式。例如說希臘哲學家曾經把腦比喻為分泌體液的內分泌腺；兩百年前，腦也曾被比喻為一部機器，現在則被類比為高科技電腦。

人類很喜歡用「抽屜」的比喻來想事情——所以也把這種思考模式套用在對腦的理解上。但是用「抽屜」來形容腦，聽起來似乎有點過時了，所以大部分的人用「模組」一詞來取代，感覺起來比較現代。腦就像積木盒，是由一個個不同的模組組合而成的。

這樣的方法比較容易想像和理解：各個模組可以分別活化，執行不同的任務——一個模組負責恐懼、一個負責愛、一個負責宗教信仰、一個負責攻擊性等等。連《明鏡週刊》（*Spiegel*）都在二〇一三年春天把某個和辨認數字相關的腦區命名為「數學中樞[10]」。聽過視覺中樞、聽覺中樞及語言中樞的人想必也不少，還有些腦區掌控了人的記憶或專門處理謠言。有些模組的地位幾乎跟器官沒什麼兩樣，例如「恐懼中樞」（杏仁核）、「記憶控制中樞」（海馬迴〔Hippocampus〕）。腦就像一台智慧型手機，安裝著解決各種問題的應用程式，只要拿出最棒的思考模組，所有問題都能迎刃而解。然而，真的是這樣嗎？腦真的只是功能強大的智慧型手機？

給我看你的頭殼，我就告訴你你是誰

仔細考究一下模組比喻的發展過程，也許可以看出一些端倪。模組比喻最玄妙的起源是顱相學，這是一種研究人類頭顱的「研究方法」（稱之為「科學」可能言過其實了）。十八世紀時，弗朗茲．約瑟夫．加爾（Franz Josef Gall）號稱，從頭骨形狀可以看出一個人的個性和性向（附帶一提：在當時，腦科學也是一門很流行的科學）。如果某個腦區常被人使用，那個腦區就會變得特別大，最後使得該區的顱骨較為突出。因此，頭骨的形狀還可以告訴你各模組的位置在哪裡！你一定會想，這真是太瞎了。不過時至今日，你還買得到印有將大腦劃分為不同特色區域的明信片。這些區域各就各位，舉例來說，友誼模組就在耳朵後方的位置。那我可開心了，因為我那個位置有個小突起。

這當然不是什麼正經的科學，但是很迎合人類喜歡把東西分類整理的天性。這種方法也不能說不好，相反的，它可能還有助於研究腦部的解剖構造。和其他器官相比，腦的功能無法一眼看穿。以心臟為例，我們可以清楚看見液體流經心房及心室，從肺臟的形狀也看得出來它是呼吸空氣用的。我們卻得非常努力才能看出腦子裡頭的細節——但是各部位的功能是啥仍然令人摸不透。因為這些柔軟又滑溜溜的組織彼此緊緊交纏，而且腦子在想些什麼，也不是從幾個神經細胞的型態就能簡單看出來的。

腦部的 Google 地圖

我很喜歡地圖，我的祖父也是。他可以在書桌前看地圖研究世界，一坐就是好幾個小時。而我比較先進，我是用 Google Map，以虛擬的方式在地球上來去穿梭：這地圖不僅指出地點，還會告知你其他資訊，例如交通狀況。地圖是一個很棒的方法，不過也相當耗工。

自古以來，也有不少人嘗試為腦部製圖，將腦分成不同的區塊。可想而知，這工作十分繁複，就像在拼拼圖。拼得最成功的是德國解剖學家科比尼安．布洛德曼（Korbinian Brodmann）。他只用了光學顯微鏡，就成功在一百多年前首度完成為人類腦部製圖的工作。他仔細觀察神經細胞的型態（說得更具體些，就是各層及各區的神經細胞型態有何差異），然後把大腦皮質分成了五十二區，不過在命名方面，他沒什麼創意，就只是從一編號到五十二。這種圖和我祖父用的地圖很像：上面畫了什麼地方有什麼東西。不過，這個圖仍然無法解釋腦裡乾坤，看不出各區到底是做什麼的。

所以這個圖還必須補充腦功能，就像 Google 標記出哪裡交通最繁忙一樣。最早的依據是意外或是腦部手術造成的腦傷病例。局部腦傷經常會造成某些具體影響：例如傷到布洛德曼第二十二區前部時，語言理解功能會受損，病人無法辨別字詞或歸類。不過，病人還是可以說出字詞，也可以正確無誤地表達自己的想法。由此可知，布洛德曼第二十二區應該是語言感覺中樞，而這個區域就是所謂的「沃尼克區」（Wernicke-Zentrum）。有語言感覺區，當然也就有語言運動區，它就是位於布洛德曼第四十五區的布羅卡區（Broca-Zentrum）。

聽來有點不可思議，但是人們至今仍拿一九〇九年發表的布洛德曼分區系統，來為大腦功能定位，比方說，視覺中樞有一部分位於布洛德曼第十七區。要尋找腦功能的位置時，這個方法真是太實用了！然而，要在布洛德曼分區系統找倒楣數字十三的人，可能要失望了：人類大腦裡並沒有這個區。還有，看過電影《星際終結者2：星際重生》（*Independence Day*）的人都知道：第五十一區是冰凍外星人屍體的美國空軍祕密基地（不過美國當局當然矢口否認），所以大腦裡沒有第五十一區有什麼好大驚小怪的？太神祕了！不過，為了防止更多迷思及陰謀論產生，我還是老實說吧：其實布洛德曼描述猴子的腦部分區時，這幾個區都存在。只是因為猴子的這幾個區在人腦中沒有相應的解剖構造，所以布洛德曼才會跳過它們。

玩笑開夠了，做個小總結：並不是所有的腦迷思都是全然的胡說八道，大部分其實帶有幾分真實性。腦的確發展了某些模組處理特定任務，但是也不能無限上綱……

模組思考的優點

用模組思考有其優點，這在視覺感官特別明顯。視網膜上的神經纖維（總數約有一百萬條）會先匯集在初級視覺皮質（primären Sehrinde），這位於腦的後方，我應該用一下專業術語，那裡叫作「枕部」。眼睛接收到的視覺資訊會在此進行初步的分析，每一種資訊，諸如顏色、方向等，都有特定的神經細胞群負責處理。初級視覺皮質的四周有次級及三級視覺中樞，負責辨識輪廓、形狀及對比。視覺系統一共有三十多個區域，各有專屬的功能。來自眼球的資訊一開始沒有很精確（黃色、硬硬的、背景很暗），接著形成一個複雜的形狀（很奇怪的嘴），最後腦袋裡才會呈現出一個完整的圖像（德國知名藝人史蒂芬·拉博〔Stefan Raab〕咧齒大笑，對著攝影機要求掌聲）。

上述這段具體例子確實是依模組來處理的，這是因為神經系統建立在非常簡單的原則上：它們時時刻刻彼此連結，但是絕對有條不紊！處理感官知覺時，整個過程必須穩定可複製。經年累月的經驗讓大腦發展出一套處理圖像的規則，而這套規則在大腦裡也能找到相應的處理部位。

不過，身為科學家，除了研究大腦辨識圖片或語言的過程，我們當然也會想研究一些更複雜的大腦運作，例如情緒、感覺或人格特質、特定的思考過程、智力，還有創意（不過，我可不是說辨識圖片或語言真的是一件很簡單的事啦）。這些也都能歸納在特定的模組裡嗎？答案是：不行。且讓我娓娓道來。

事事有模組，人人有模組

腦科學家面臨到一個問題：這個滑溜溜的腦子包在硬梆梆的頭顱下，想著它自己的事，而聰明的研究人員想知道裡面到底哪裡發生了哪些事時，該怎麼做才好？於是，他們把研究對象，也就是某個自願的受試者，送進「大腦掃描器」（核磁共振器），同時給他一些認知任務（例如給他看某張圖片），然後測量腦部血流變化，做幾張彩色圖，找到特別活化的腦區——並且做出結論：這裡肯定是掌管愛情的中樞了！

這個方法真是一箭雙鵰：一方面可以看到腦子活化的區域，另一方面還可以釐清這個區域的任務。用這個方法來測量腦區任務，腦部結構突然有了意義：鋼琴演奏家即興演奏時，後腦勺中間的腦迴部分（枕中迴〔mittlere occipitale Gyrus〕）會亮起來[11]。做高風險的財經決策時，伏隔核（Nucleus accumbens）會活化[12]，可惜這個二〇〇八年的研究結果來得有點遲了，當時金融危機已經勢不可擋。還有，如果早就知道男女交往初期時，右胼胝體下扣帶（rechte subcallosale Cingulum）不可過度活化，關係才會長久，不曉得可以避免多少破裂的婚姻[13]？算了，只要前扣帶迴皮質（anteriore cinguläre Cortex）能活化就行，這樣才可以樂觀面對未來[14]。

所有的認知功能幾乎都能找到相應的活化腦區，給它們安上幾個複雜的科學名稱，人們就能算是找到「腦膜組」了。太棒了。可惜這真是鬧劇一場。

彩色圖片的誘惑

儘管這種研究方法聽起來很有趣，但是它有一個根本的問題，之前我們在迷思一已經談過：這個方法緩慢、不精確也不直接。它需要用假設結合數據計算來產生一張圖，而這最終產物看起來很具說服力——灰灰的腦子有少數幾個彩色的區塊——所以能很快導向某種結論。由於特定模組的假設實在太吸引人了，所以大家結論下得太快。只不過是幾個腦區塗了顏色，可不代表這些腦區具有特定功能。

舉個例子來說：大腦掃描的結果顯示，有個腦區在產生恐懼、噁心、負面情緒時扮演了重要的角色，那就是杏仁核。（附帶一提，這名字好聽多了，神經解剖學家也能是聰明的語言藝術家，不是每個人都跟布洛德曼一樣，只會乏味地用一到五十二來幫大腦編號。）

另一方面，研究也顯示，杏仁核不只在出現負面情緒時活化，在期待獲利時[15]、聽戲劇化的音樂時[16]，或是看見笑臉圖片時也會活化[17]。也就是說，在功能性磁振造影圖裡看到杏仁核血流量較大，代表的並不是特定某個腦功能被啟動了。杏仁核不光是「恐懼中樞」，它也可以是「期待中樞」。

兩分鐘內成為腦科學家！

知道這些知識，你馬上可以成為腦科學家，能在下次聚會時好好臭屁一下（我也很喜歡做這種事）。你可以介紹自己是神經科學專家，加點油、添點醋（可以用來吹牛的知識本書裡有一大堆）。如果有人問你能不能證明自己真的是專家，還有你的談話對象有哪個腦區活化了，你只要回答：「我看看，……當然是前扣帶迴皮質。」這麼說最棒的地方在於，你可不是在吹牛，這樣回答幾乎永遠不會錯。前扣帶迴皮質位於大腦皮質的前側，像皮帶般扣住內部的大腦皮質。任何跟情緒有關的活動——請問哪個活動沒有情緒？——都會活化這區的皮質。關於前扣帶迴的研究結果很多，例如美國民主黨支持者比共和黨支持者的前扣帶迴大[18]；線上遊戲成癮者看到喜歡遊戲的圖片時，也會活化這個腦區[19]。至於這兩者之間有何關連，我就不知道了。

總之，任何和情緒有關的活動，前扣帶迴都會參與。如果你的談話對象眉頭深鎖，你還可以說他的前額葉皮質（präfrontaler Cortex）活化了。這個答案也是百戰百勝，因為人只要是處於清醒、專心的狀態，前額葉皮質就一定在工作中。

功能性磁振造影雖然發現不少有趣的現象，但是如果你想依照腦部活動來做粗略的分類，就會發現一切亂無章法。某個腦區（無論其名稱多複雜）可能會在特定認知任務下活化，但這不保證它就是這個認知功能的根源。特別是在做功能性磁振造影時，研究人員還要過濾掉腦子的基本雜訊，也就是持續性的腦部活動，才能得出可靠的結果。所以最後的成像容易讓人誤會成只有一個腦區正在活動。事實上，腦子的所有區域隨時隨地都在工作。

上帝的模組

把腦子內複雜的運作過程縮減為少數幾個腦區的活動，實在是很荒誕。有些研究學者竟宣稱在顳葉（Schläfenlappen）裡找到「上帝的模組[20]」或是「長期濃烈浪漫愛情之相關神經區[21]」（那篇科學論文的原始名稱真的是如此）。

用這種方式詮釋大腦掃描圖的最大弊病是，腦子在工作時要環環相扣得多了。想像一下，你現在躺在核磁共振器裡，看著你最心愛的伴侶的照片。這時腦子裡發生了什麼事？你是否想起一起出遊的情景？是不是聽見了他的聲音？你得先分析圖片，才認得出那是自己的伴侶嗎？你會聽見你們最喜歡的歌嗎？還是聞到什麼味道？或許，這些事情全都出現在你腦海中，而每一件事都要用到不同的腦區。那麼，知道當你看著心愛的人的照片時，大腦圖像上某個地方會亮起來，血流會通過，又有什麼意義呢？如果無法區別各個歷程，它的意義其實不大。

沒錯，大腦的確有些模組負責處理和分析感官資訊。其他的模組則會將這些資訊組合成更完整的印象。有些腦區的確專門負責產生具體的情緒（例如杏仁核），或組織新資訊的學習（例如海馬迴），但千萬別誤以為它們是腦子內獨立的器官，尤其是涉及抽象特質時，如人格特質或個性。這些特質在腦部沒有專屬的相應位置，反而比較像是腦子的運作方式。

所以囉，樂觀大腦、快樂大腦、慈愛大腦、虔誠大腦的掃描圖雖然很誘人，但可別掉進那似是而非的陷阱裡了。前面的章節已經談過這種測量方法的缺失，而且現在你也明白，去尋找某個深藏愛或恨的「模組」，其實意義不大。

總而言之，腦模組是存在的——不過僅限於簡單的運算功能，而且這些模組並不是獨立的，是整體網絡的一部分。任務愈複雜，擴及的網絡範圍愈大。腦絕對不只是安裝了各種應用程式的智慧型手機而已。

|迷思|
4

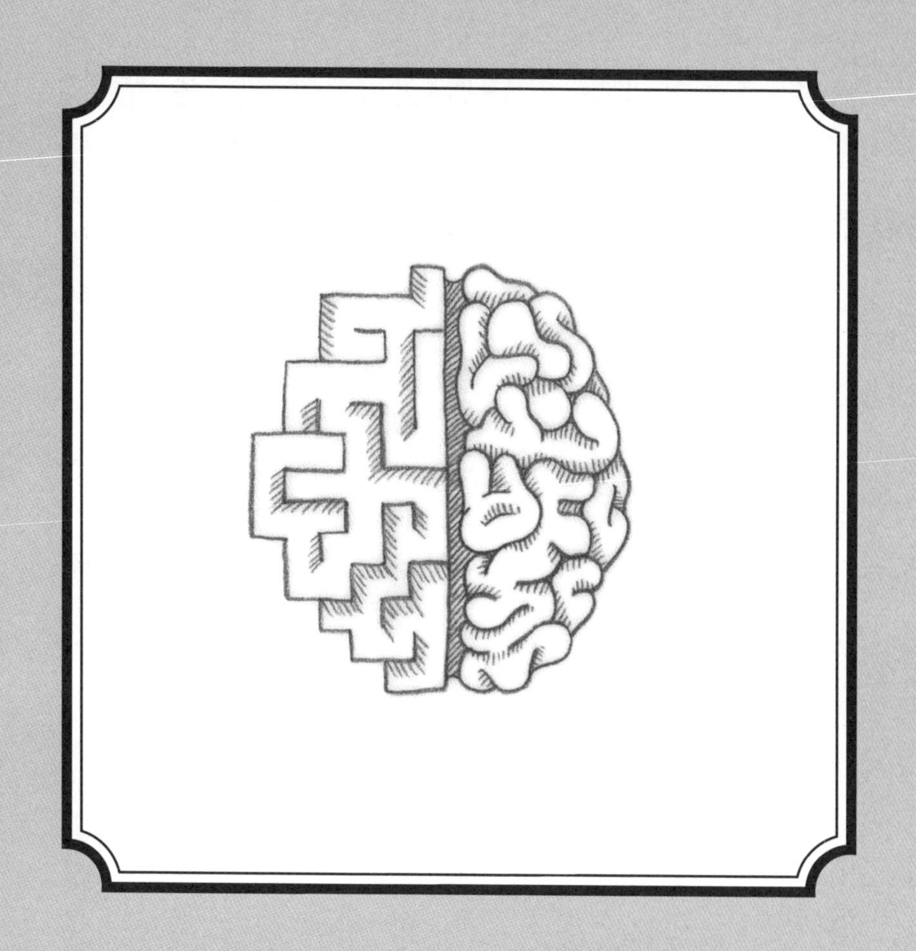

邏輯的左腦、藝術的右腦：兩個腦半球思考大不同

最近我找到一個很棒的網站，它寫著：「左腦型？右腦型？來做個腦測驗吧！」太棒了，我當時心想，我終於可以知道自己偏好使用哪一邊的腦子思考了，而這能透露許多事呢。於是，我勤快地將一些圖分門別類，還回答了一堆問題，例如我是如何左右手交握等。最後得出了這個結果：六二%的右腦型。

哇！然後呢？

左腦／右腦迷思根深柢固，幾乎深植人心。它可以解釋的現象實在太多了：為什麼數學家擅長分析與邏輯思考（因為他們的「左腦」功能較好），為什麼畫家和音樂家如此有創意（因為他們大多用「右腦」思考），還有為什麼有些人如此善解人意（因為他們「同理心的右腦」比較發達）。

左右腦大不同的觀念還可以拿來賺錢。人們總是受到各類指南、自我提升類書籍和手機應用程式的轟炸——有些人還真的會掉入陷阱（如天真的本書作者我），跑去做一些線上測驗，確認自己偏好的腦半球是哪一邊。講師教導著一堆堆學員該如何好好使用左腦及右腦，或者如何讓左右腦合而為一，提升整體腦功能。

他們說得好像頭殼裡真有兩個腦子一樣，其中一個負責邏輯、分析、思考、重細節，另一個則是有創意、重視整體與直覺。要是我們真能根據不同的目標，選用適合的腦半球，那就太完美了。就算沒辦法挑腦半球來用，至少也可以做些有趣的性格測驗，用「科學」的方法來鑑定你是偏好哪個腦半球。

頭殼裡的兩個腦

認為兩腦分工是一派胡言的人，可能得大吃一驚了！其實我們的頭顱裡真的有兩個腦半球。雖然這聽起來有點瘋狂，但是它們的確有不同的任務，至少某種程度上是分工的。

首先，我們必須了解，人類的神經系統幾乎都是成對分佈。（給無所不知型的讀者：只有負責管理睡眠及甦醒規律的松果體〔Epiphyse〕會單獨出現。）有一條長長的細溝將人的腦子分為兩個半球。要是你以為兩個腦半球是對稱的，那就錯了。腦半球在人的一生中會不斷調整、適應環境，因而改變了某些位置的形狀。舉例來說，大部分人的語言中樞在左腦（九六%的右撇子是如此），且左腦的語言區比對應的右腦語言區稍微大一點。

有趣的是，我們腦半球控制的是身體對側，也就是由右腦半球控制左手臂。感官知覺的運作也是同理：左腦半球能感知右手的觸覺。由此可知神經系統的基本原則是，所有的知覺及運動神經纖維在傳進腦部前會先交叉。這樣的安排應該有它的道理——只是還沒有人知道為什麼而已，連腦科學家也沒有答案。

當然囉，兩個腦半球也不是完全獨立運作的。坊間不少自我提升類書籍在教人們如何「將兩個腦半球連接得更好」，我可以跟你拍胸脯保證，兩個腦半球不但早就連在一起，而且還藉由胼胝體連接得很好。胼胝體位在腦中央，由厚厚的神經纖維束組成，負責左右大腦半球間的資訊傳輸。這裡的神經纖維分佈真的很密集：胼胝體只有拇指那麼大，但是包含了二點五億條神經纖維。這樣的數量足以讓兩個腦半球好好溝通了。

啊！兩個靈魂住在我腦子裡

如果把胼胝體切斷，分開左右腦半球，會發生什麼事？大家可能會猜想，那是個大災難吧。畢竟胼胝體不只能防止兩個腦半球脫落，也是腦內溝通不可或缺的角色。

某些情況下，比方說對於癲癇患者來說，阻斷胼胝體只是小問題而已。癲癇是某個腦區過度活動，進而擴及了大範圍的腦部區域。為了抑制過度放電的情形擴散得太嚴重，羅傑・斯佩里（Roger Sperry）和邁可・加桑尼加（Michael Gazzaniga）在六〇年代將這類病人的胼胝體切斷。結果發現，病人的腦功能並沒有受到太大的損傷，癲癇的情形也改善了。

研究「裂腦」（split-brains，也就是斷開來的腦半球）的運作方式是否有所不同，是很有趣的。斯佩里和加桑尼加經由一連串巧妙的實驗發現，左右腦半球竟然有某些功能不一樣。當主試者在右視野呈現一件物品時（例如橡皮鴨），左腦半球可以辨識出那是什麼物品；由於大部分的人語言中樞在左腦，所以病人也可以正確說出該物品的名稱（「這是一隻橡皮鴨！」）。如果把橡皮鴨放到左視野，影像則由右腦處理，但是因為右腦沒有語言中樞，病人便無法說出該物品的名稱。不過，由於右腦可以控制左手，所以病人可以用這隻手去觸碰橡皮鴨。

這聽起來有點奇怪。不過，真正詭異的是接下來的實驗：裂腦病人的兩個腦半球陷入衝突。有個病人試圖用右手穿褲子，自己的左手卻不斷出手阻止。還有病人要用左手觸摸自己的太太，右手卻出手制止[22]。

這一連串的實驗指出，左右腦半球處理資訊的方式不同。就神經生物學的角度來看，這真是個迷人的發現；科普界更是趨之若鶩：左右腦半球大不同、感官感知沒問題卻無法唸出名稱的病人、下意識的行為相互衝突——好像我們的頭殼裡真的住了兩個靈魂一樣。對那些似是而非的偽科學詮釋而言，這點正中下懷。乾脆直接把特定的人格特質歸咎於特定的腦半球不就好了？如果右腦比較擅長辨識整體的樣式和畫圖（事實上也沒錯），何不把創意活動全都包給「右腦」？結果就是：我們以為人類有一個擅長邏輯思考、能言善道，且大權在握的左腦，還有一個可憐的右腦，雖然懂得整體思考又有同理心，但是卻經常受到壓迫。

華爾滋舞的創意

嚴謹的神經科學朝這個方向做了一些初步研究之後，很快就跟這種無稽之談劃清了界線。儘管想以現代的造影技術來觀察腦部活動並不容易（我想前幾章已經講得夠多了），不過功能性磁振造影在此處卻十分管用。

尤其是針對「右腦有創意，左腦懂邏輯分析」這個最受歡迎的迷思。它完全是一派胡言！千萬別相信書籍上的這類主張，更別相信書中所承諾的，只要運用某些技巧就可以活化右腦，達到整體創意思考的效果。

神經科學家什麼都研究，當然也研究當一個人發揮創意、想像自己在房間裡即興翩翩起舞時的腦部活化模式。結果可讓人意外了：想像自己在跳古典華爾滋和想像自由發揮的舞蹈，兩者腦部活化的模式不同。受試者顯示出不同的腦部活動：古典華爾滋的腦部活化範圍沒有自由起舞的大（參加維也納華爾滋舞盛會的人別擔心，雖然你的腦子在跳舞時沒什麼創意，但是可以比較專注於精確的動作，而且抗壓性較高）。除此之外，自由起舞時，兩個腦半球的參與程度不相上下[23]。實驗室裡的創意測驗（除了自由舞蹈、還有要求受試者想出一塊磚頭的各種可能用途等）測的就是這類東西。受試者的任務不同，活化的腦區也會有所變化：有時在右腦，有時在左腦，有時是統整情緒的地方（如杏仁核），有時是控制動作的區域（如小腦），端看被賦予的創意任務而定，例如，自由起舞當然會和語言測驗不同。事實上，科學家沒有發現任何腦區是所謂的創意中樞[24]，左腦裡沒有，右腦也沒有。之前提過的前額葉皮質（在額頭部位），幾乎在執行每個任務時都會活化——但這也沒什麼好大驚小怪的，因為這個區域負責調節注意力。如果要用創意解決問題，人勢必得集中注意力。

左右腦迷思造成的誤會，在此原形畢露：是人們言過其實，把事情搞混了。雖然有幾個具體功能特別集中在某個腦半球，但這並不能拿來解釋所有的人格特質。沒錯，語言中樞大都在左腦，但是右腦也負責了語言的音律。兩個腦半球彼此合作，共同完成整顆腦的功能。

就連常被歸入左腦的數學思考能力，也是如此。某個腦區是所謂的「數學中樞」這種說法顯然根本不成立。藉由功能性磁振造影，我們可以清楚看見，兩個腦半球合作得愈密切，數學問題解得愈好。如果只活化單側（大家信以為真的專司數理邏輯的左腦），並沒有辦法解決艱難的邏輯問題[25]。所以啦，「藝術的右腦和數理的左腦」其實是無稽之談。

腦半球夫婦

偏好左腦或偏好右腦思考、將人分為「左腦型」及「右腦型」的說法，同樣也是瞎扯。有科學家研究了一千個人的腦部活動，發現很少有神經網絡會集中在單一個腦半球（如負責產生語言的布羅卡區）。大部分的實驗任務都需要兩個腦半球的不同腦區合力完成，而且有些腦區還相距甚遠[26]。右腦型、左腦型和前腦型或後腦型一樣沒有意義。很顯然，腦子活動時並不是活化兩個「腦模組」，而是不同腦區之間的資訊交換——經過連接兩個腦半球的胼胝體。

有時候，也會有人拿「老夫老妻」來比喻左右腦半球的關係：隨著時間累積，左右腦就像幸福的夫婦，分工處理人生中的大小事。做決定時，一個比較衝動直接，另一個比較懂得邏輯分析，兩人彼此互補，共創所謂的「關係有機體」。這個有機體由兩種觀點組合而成，只要彼此間溝通順暢，就會構成一個天衣無縫的團隊。

然而，腦子的運作並非如此。儘管左右腦半球各有其專精的處理歷程（例如語言或空間方面），但只要胼胝體沒有被切除，它們就是**整個網絡**的一部分。所有資訊同時進入腦中，被分開處理，又隨時不斷整合，最終出現我們稱為「思想」的東西，並且產生行為。腦部運作並不是老夫老妻那種先各自考慮再討論的模式（或者床頭吵床尾和，但是還是各持己見），而是單一器官的各個組成份子即時、持續地彼此交流。

這一切是為了什麼？

你可能會振振有詞地問：這一切到底是為了什麼？腦為什麼要分成兩個半球，中間只有窄窄的纖維束連接？位於兩個腦半球間的這二點五億條神經纖維，和全腦上千兆的連結相比，並不是特別多。要是真想讓兩個腦半球之間的溝通滴水不漏，胼胝體可能得像第三個腦半球那麼大。

從演化觀點來看，我們不該問「為什麼這樣」或「有什麼目的」。胼胝體之所以在演化過程保存了下來，只因為沒有其他更好的選擇，如此而已。腦子和身體一樣呈對稱結構是有優點的。你們一定注意到了，我們的身體也分左側和右側。身體的一側由某一個腦半球來控制，效率可能會比較高。細微動作、敏銳的感官知覺等都需要腦部進行繁複的運算，所以如果把網絡仔細地分束並排，就可以省去費時的資訊交換過程，增加運算速度。如果真有需要和身體另一側交流時，幾百萬的神經連結就足夠通到另一個腦半球了。

神經網絡愈緊密，效率就會愈高。這也許可以解釋為什麼語言中樞（布羅卡區和沃尼克區）會集中在一個腦半球內。語言中樞不一定在左腦，有三〇%的左撇子語言中樞不在左腦。不過，這兩個語言中樞至少要距離很近，如此一來，才能集中資源，而不是把資源浪費在和遠處的腦區交換資訊。

隨著時間累積，腦子會形成許多小小的網絡和腦區，來達成特定任務。但這些小網絡或腦區只具備基本功能，要與其他網絡合作才能成就複雜的任務，如思考。由於腦子有兩個半球，這些腦區也是兩邊都有分佈。這絕對不表示，某一邊比另一邊「好」。儘管你說出口的話經常（但不一定）是由左腦產生的，但這不表示你說話時右腦正在當啞巴。左右腦絕對不是時時競爭、爭奪主導權的關係。相反的，左右腦和睦相處，永遠保持最佳溝通狀態。

所以結論是，忘掉左腦型和右腦型性格這種狗屁歪理。請你的腦袋（右腦、左腦或哪裡都好，我不在乎）記得，的確有些基本運作網絡會集中在單一個腦半球。但腦子是一個完整的單位——左右腦不是一體的兩面，它們就是一體。

迷思 5

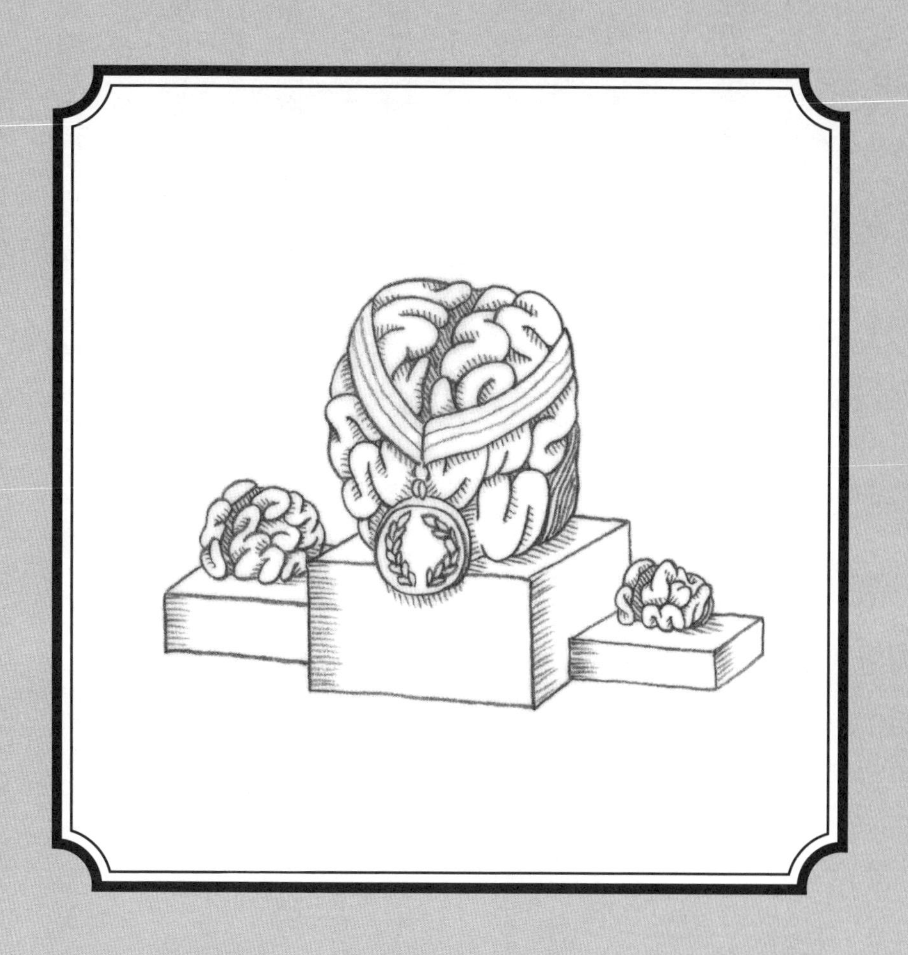

腦是愈大愈好

如果給你選擇，可以擁有一個又大又重的腦，神經細胞數量驚人，重量差不多二點五公斤；或者一個小小、輕巧的腦，重量只有一公斤，神經細胞數量少多了。你會怎麼抉擇？如果你想要超乎常人的腦力，你一定會選大的那個。大的腦子裝的多，能拿出來用的東西也比較多。

體積大的腦，遠近馳名。想要創意源源不絕，當然需要腦袋大一點。腦子愈大，愈靈光。V16引擎配上八〇〇〇C.C.的汽缸當然比一〇〇〇C.C.的三汽缸引擎馬力大。而且，我們也經常聽到人們脫口而出：男人算術能力比較好是因為他們的腦子比較大！（關於男女腦袋大不同的迷思，我很快就會詳述，保證讓你驚奇連連。）

人類最基本的需求之一，就是什麼都要測量、什麼都要比較，講到腦袋也不例外。但是測量腦的大小，真能導出它的運算能力？還是說，還有些別的相關因素，例如某個腦區的大小（而不是整個腦的大小）？或神經元網絡連結的緊密程度？

尖鼠的超級腦袋

我們先岔題談談生物學（對啦，我知道我們談的一直都算是生物學），來看看動物界的腦子大小。腦子愈大真的愈聰明嗎？

人腦的平均重量，女性為一二四五克，男性為一三七五克。人類體型和其他動物相比，並不算大，平均只有七十公斤左右，這樣的腦重量並不算少。不過，人類的腦並不是動物界最大的。座頭鯨這個頭方方、動作優雅的龐然大物，腦的重量約有七點八公斤。腦的任務不只是要有智慧及創意，還要處理日常生活的雜事，如動作與感官知覺。鯨魚要控制的東西可多了，所以腦子長得這麼大也沒什麼好訝異的。不過，儘管鯨魚算是聰明的動物（話說回來，要測量體重超過五十公噸，在開放的海洋裡游來游去的動物的智商實非易事），牠的智力還是和人類有一段距離。很明顯的，腦的絕對大小並非關鍵。

我們還得考量體重的問題。最好先回顧一下前一段的開頭，要知道，男性的腦並不因為平均而言比女性的腦大，就必然比較聰明。男性的身體通常比女性壯碩，而身體較大，所需要的腦也得大一點。那麼，如果看總體重當中的腦重量佔比呢？

這樣一來，座頭鯨在動物界的智慧寶座就要拱手讓人了。人類的腦佔體重的二%，但這還不到冠軍。照這種算法，排名第一的是尖鼠。你們一定想不到吧？尖鼠的腦重量佔了總體重的四%，儘管如此，我仍然敢大言不慚地說，人類的智慧可比尖鼠高多了。現今科學界有一個假設是，小型哺乳動物（例如蝙蝠）的腦會這麼大，是因為身體在演化過程中縮小的速度比腦袋快[27]。不是因為腦子長得快，而是因為侏儒化的過程十分漫長——如果我們給尖鼠好幾百萬年的時間，牠們也會有一顆跟智力相符的小腦袋。

絕對大小和相對大小都無法解釋為何人類如此聰明。對科學家來說，這種情形當然讓人很不滿意。如果測量沒有達到想要的目的，這時該怎麼做呢？沒錯，那就繼續修改測量條件，直到想要的結果出現為止。所以，有人想出了「大腦化商數」（encephalization quotient）的概念，它和之前的佔比概念相同，計算的也是腦和總體重的關係——不過，注意啦！這裡只比較體型相當的動物。真是鬼靈精！用這種方法就不只考量了腦的尺寸在演化過程隨著體型而增加的事實，還能顧及腦子和體型變化的速度並不一定一樣快。舉個例子來說，黑猩猩體型和人類差不多，不過黑猩猩的腦卻比人腦小了三點五倍。結論就是，我們比猴子聰明多了。

太棒了，不過這到底解釋了什麼？腦的大小代表了智力的高低？如果比較不同的人腦又會有什麼樣的結果呢？

愛因斯坦的腦子

有些人的腦子真的很重。比方說，《格列佛遊記》（*Gulliver's Travels*）的作者強納森．

史威夫特（Jonathan Swift）的腦將近兩公斤重。不過，愛因斯坦的腦只有一二五〇克左右（還低於平均值一〇〇克呢）。事實擺在眼前，腦的大小和能力沒什麼關係。

光是觀察醫學特例不一定有幫助，愛因斯坦的腦就是最好的例子。幾十年前還沒有現代造影技術時，就有不少科學家想盡辦法要測量愛因斯坦的特定腦區、計算腦神經細胞的數量，或描述其腦部結構。他的兩個腦半球一定溝通效能超高，因為胼胝體特別大；而且前額葉皮質（額頭那裡和注意力有關的地方）也有增大現象[28]。你要怎麼解釋都可以，「碩大就是美」，只要長得比較大，功能就比較強。這和理性的科學八竿子打不著，這種一知半解的知識反而創造了更多關於腦的迷思。

問題就出在於，人們只觀察了單一個腦，一個無可置疑的天才的腦。完全沒有足夠數量的對照組（再來二十個愛因斯坦和他們的腦吧），用來確定統計結果的可信度。愛因斯坦的腦部特徵很可能只是個人變異，和他的天縱英才無關。他都過世六十年了，要從泡在福馬林好幾十年的腦部照片看出什麼端倪，可能算是吸引人的噱頭，卻稱不上是真正的科學。

我們暫且把個案放一旁。老實說，拿個案來說明腦的大小和智力並沒有絕對關係，還挺管用的——不過，我得說句公道話，智力和腦的重量還是有某種統計上的關連性。整個腦的重量增加，智力也有隨之上升的趨勢[29]。在測量和注意力相關的腦區時，例如前額葉皮質，這種關連性特別明顯[30]。

就統計數字看來，比較大的腦區確實有功能較佳的傾向，但「為什麼會這樣」就無從得知了。到底哪個是因、哪個是果，是較大的腦結構懂得聰明解決問題，還是需要用智慧解決的任務刺激了腦子，才促進了它的生長？

骨盆界限

你可能剛好手邊有時髦的智慧型手機。這玩意兒什麼都會：打電話、寫電子郵件、上網、播放放屁聲，還有很多有用的功能。智慧型手機小歸小，功能比以前的大電腦強大許多。美國太空總署控制阿波羅計畫（Apollo-Missionen）的飛行器時使用的大電腦，運算速度是1MHz，比現在的手機慢了一千倍。

提升運算能力的途徑有很多，你可以什麼都加大，或者運用新科技提高系統效能。可惜腦的演化不像 iPhone 上市的速度那麼快，動輒需要數千年。儘管如此，腦結構還是有改良的必要，因為腦子的大小有個自然上限，那就是女性的骨盆。

每一顆腦都要經過產道。如果用讓腦子變大來提升運算速度，有兩種可能的方式：一是女性骨盆擴張（假設擴大成兩公尺寬好了）；或者腦子另闢蹊徑，來個聰明的結構。還好，腦走的是第二條演化之路，這可讓女性鬆了一口氣。這也是為何腦部皺褶迂迴曲折的原因。腦的重量並不是關鍵，重點是配置。神經細胞需要擁有獲得養分的途徑，也就是血管，所以神經細胞分佈在腦的表層。相對的，神經纖維則位於腦的深層，因為它們不需要持續的養分供給。

你一定有過這樣的經驗：你走在人擠人的市集裡，突然想吃肥滋滋的烤香腸，這時你非得穿過擁擠的人潮，找到香腸攤不可。神經細胞不能輕易離開位置，所以全都分佈在腦組織的表面，可以立即取得血液中的糖分。這就像在市集裡，所有的攤位會排成一列，而人們則直接在攤位前面排排站。

用科學的觀點來看，這下子表面積擴大了。而要達到這個目的，最好的方法就是折疊腦組織。腦凹下去的部分人們稱之為「溝」（Sulci，拉丁文是「皺褶」的意思），蜿蜒的部分稱為「迴」（Gyri，在希臘文是「旋轉」的意思，美味的沙威瑪烤肉叫做 Gyros，因為是從旋轉肉架上切下來的）。腦的大小跟一顆椰子核差不多，椰子核的表面積只有五〇〇平方公分左右，但運用這個折疊技巧，大腦表面積卻可以擴張到二五〇〇平方公分。表面積愈大，可容納的神經細胞愈多。演化過程中確實有壓力要腦袋盡可能容納更多的腦神經細胞，照理來說，神經細胞愈多，運算能力就愈強。不過，神經細胞也不能毫無止境地增加，否則會有新的問題產生。

腦部高速公路

最近我去了一趟洛杉磯，有件事讓我感到非常驚奇。大洛杉磯地區大約有德國巴登—符登堡邦（Baden-Württemberg）那麼大，卻沒有一條像樣的通勤電車路線。從城市的這一頭到另一頭，可能要耗上一整天，就連仰賴美國典型的租車，也會被塞車問題煩死。從這個例子，我們可以看到如果腦子太大會遇到什麼問題：距離較遠的腦區在交換資訊上相當耗時費力。而對一顆高度進化的腦而言，它的功能正是取決於連結的速度和範圍。

腦之所以產生了一些模組，就是這個原因，為的是快速解決具體任務。上一章已經提過，如果特定的「運算」中心集中在某一個腦半球，的確可以避免長距離的來回運算（把資訊從一個腦半球傳至另一個是需要能量的呀）。腦一方面要延伸擴展，一方面又要保持精巧。一個擁有大量神經細胞的腦子是很不錯，但是細胞間也得有效連結才有用，而精巧的腦要連結神經細胞比較容易。這兩種趨勢（擁有很多神經元的大腦袋 vs 網絡緊密連結的小腦袋）就這樣拉鋸出了一個最佳解答。

正因如此，當今的腦科學根本沒興趣研究天才的腦子，或是去計算腦神經細胞總有幾個。畢竟，重要的是這些細胞如何連結。現代科技已經可以觀察腦部主要的神經纖維及硬體措施。這就好比看市街圖，我們從道路的連結模式就可以看出，哪些區域彼此間的連結做得比較好，並據此判斷該區的重要性如何。大都會（比方說法蘭克福）的街道分佈得十分密集；同樣的，腦模組（例如部分視覺皮質）的內部也是四通八達。我們從朝四面八方通往各大城市的道路，就可得知法蘭克福是個跨區的交通樞紐；同樣的，腦子內也有許多樞紐，從那裡可以建立新的神經連結。

研究神經纖維連結模式的科學家發現了一件很有趣的事：聰明的人（智力測驗分數較高的人）腦子內的連結比較完整[31]。換句話說，這些人的資訊公路網不僅特別大又有效率，也具備重要的樞紐連結中心。所以，神經細胞的數量和腦的尺寸並不是關鍵，「誰和誰、哪裡和哪裡連結」才是王道，這和人生哲理沒什麼兩樣。

腦子內的小世界

最初的「腦子愈大，運算能力愈強」迷思，至此證明不足採信。很多人以為，腦袋裡一定是塞了滿滿的神經細胞，如果能多塞幾個進去，運算能力便可提升。

這當然是鬼扯。腦的結構很神奇（其實也很簡單），但還是有一定的規則。腦組織內並不是到處都有神經細胞。聰明思考的關鍵是大腦皮質，而神經細胞分佈於皮質層內，就在表面之下，共有六層。因此，它們可以很快從血液中取得養分，也不會擋到彼此的路。這一層層的神經細胞會成群聚集，並排在一起——構成所謂的柱狀組織，因為這群細胞真的長得很像一根根並列的柱子。柱狀組織內部的神經細胞彼此溝通得特別順暢，因而能迅速進行簡單的運算任務。此外，柱狀組織之間如果再進一步彼此連結，就會構成非常有效率的網絡。

這種安排最大優點就是：腦不需要擴張增大就能提升運算能力。它可以保持輕盈，且運算迅速有效率，還能省去腦體積變大的負擔。

回到街道的例子：我們不能在到處鋪路之後，就等著車流量自動適應那些蓋好的硬體措施。這可行不通，相反的，很多路口會需要紅綠燈或圓環，好讓車流在路口暫停一下；

而且，如果到達同一目的地的道路選擇很多，或是下個路口開始塞車，有時候，我們會完全不知道到底走哪一條路比較快。真是亂七八糟，我們需要協助，所以花錢買導航。

都會地區得先自給自足，接下來得評估哪些遠程道路需要擴充，哪些道路可以省去。到底在科隆和法蘭克福之間，還是在法蘭克福和同一邦內、人口不到三千人的度假小鎮巴特薩爾奇利夫（Bad Salzschlirf）之間，蓋一條快速道路比較有意義？

如果能事先花點巧思設計交通網，就可以省去之後很多麻煩，還有油錢。重要樞紐之間的連結愈有效率，人們就能愈快速、直接地抵達目的地，不必繞路，也不必拐一堆彎。而且，聰明的腦袋還懂得節省能源，聰明的人解決問題時，往往比不怎麼聰明的人耗費較少的能量[32]，這乍聽之下雖然有點矛盾，但確實如此。因為聰明人的硬體設備功能好，資訊能夠走最短的路徑，迅速抵達各個負責處理的神經細胞。

當然，腦內的連結網絡比德國的公路系統好太多了。在理想狀態下，腦部會發展出能夠自我調節的系統，不管是近距離還是遠距離都有快速道路。科學界將這種原則稱為「小世界網絡」（Kleine-Welt-Netzwerk），目前我們模擬的神經系統就是如此運作的：它有區域性的叢集、成群密切合作的神經細胞（柱狀組織），並且形成區域中心（例如部分視覺中樞）。節點和節點之間維持著很短的距離，儘管單一節點對外的連接並不多，但是任兩個節點只要透過少數幾個中間節點，就能彼此相連。這與美國心理學家斯史丹利·米爾格蘭（Stanley Milgram）提出的「小世界效應」類似，這個理論是說，世界上的任意兩個人只要透過六個中間人，就能和彼此建立起連結。

這樣做的優點是事半功倍。這種模型的高度運算能力取決於資訊流通的順暢度（而不是網絡有多大）。只要寥寥幾個中間節點，就能讓整個腦動起來——但可不是隨便動，而是活化具體任務需要的區域。

少就是多

就某種程度而言，演化的確朝著增加腦體積和神經細胞數目的方向前進。然而，達到最佳解之後，運算能力就取決於網絡的發達程度了。

優秀的腦並不是巨大、充滿神經細胞就好，而是分類井然有序、聰明地彼此連結。它增加的是表面積，不是體積；有小型運算中心，只要透過幾個節點就可與其他中心溝通。藉由這種方式來活化腦部，讓我們可以認知思考（擁有智慧或創意）。

是時候該告別「愈大愈好」的迷思了。腦子不是愈大愈好，神經細胞也不是愈多愈好。下一章將跟你解釋為什麼。

| 迷思 |
6

喝醉酒和頂球會讓神經細胞一去不復返

即使才讀了五章，相信你一定也已經發現腦真是美妙的東西。它不停改造、適應新的連結、處理資訊、建立網絡，直到能夠快速又正確地處理資訊。換句話說，腦子會自己快樂成長，維持更新狀態，靠的就是新生的腦細胞和新的連結。

另一方面，你一定也聽過：神經細胞會不斷凋亡，而且這是個不可逆的過程。這下子，腦瞬間又成了衰敗的器官，好像一開始就註定要毀壞。神經元一旦逝去，就不會再回來了，等到哪天人老了，整顆腦袋就變成一座神經廢墟。

各種恐怖情境於是一一浮現腦海，不曉得下一個神經元死亡命案會發生在哪裡！頂球——死一千個腦細胞。兩大杯啤酒——兩千個腦細胞壞掉。熬夜一次——死五千個神經元。整個人生簡直就是一場神經元死亡的過程。要是我們知道該怎麼逃離這樣的命運就好了……

難道腦真的是死亡組織，在出生的那一刻曇花一現，然後從此一蹶不振？神經細胞真的死了就不會再生？一天到底可以頂幾次球才不會有害健康？

神經細胞的生日

先從神經元開始說起吧。神經細胞充實的一生是什麼樣子？和其他細胞一樣，神經細胞也有生日。神經元的形成可不簡單，是經過精心策劃與準備的。它們源自於幹細胞，發源地是胚胎的外胚層（Ektoderm），也就是外部的表層。從「外胚層」這個有創意的名稱便可得知，這些幹細胞後來真的會發育成表皮細胞，不只如此，牙齒和神經細胞也由此而生。所以說，我們的腦不過就是高度專業化的皮膚組織罷了。

腦無法在一夕之間形成，所以胚胎很早就開始著手進行。大約受精三週後，外胚層裡的幹細胞會向內閉合呈管狀，形成神經管。再從神經管發育出整個神經系統：腦、脊髓、神經細胞及神經纖維。

神經細胞可不是一般的細胞，它們就像昂貴的不動產。舉個例子來說，血液細胞只要沒有離開血管，在哪個位置都無關緊要；但是神經細胞就不同了，它們有固定的位置，而且一輩子都待在那裡。跟不動產一樣，神經細胞的價值取決於三件事：地點、地點、地點。神經細胞位置正確，才能形成之前提過的大腦皮質內的六層柱狀結構（見討論腦子大小的迷思五）。

很多人相信，生日和命運息息相關。比方說，我是射手座，所以我不相信這種生日決定命運說，因為射手座的人天生就愛質疑。對神經細胞來說，這種說法則是準確無疑：生日和它之後的一生息息相關（將決定它在腦部的位置，以及必須負責的任務）。所有在同一天從神經管幹細胞發育而成的神經細胞，不僅命運相同，之後也會在腦的同一個位置。新生成的神經細胞不會乖乖按兵不動，它們就像早熟的青少年，會立刻衝到組織表面享受生活。後續形成的神經細胞，則會穿過這些之前的神經細胞，繼續往外擠。大腦皮質的六層細胞柱結構就是這樣產生的，從內向外排列。

神經細胞的一生就這樣了。到了終點站後，就一輩子蹲在那裡。當然，它們也會長出分支，和其他神經細胞做連結，但是神經元的確不會繁殖。專家說這些細胞處於「分裂期後階段」（post-mitotisch），也就是，這種細胞已經過了細胞分裂期，它們有比繁殖更重要的任務要做，比方說處理資訊。它們好比是細胞界的電腦阿宅，既忠心不二又孜孜不倦。

所以是的，神經元的目標只有一個——死亡。這樣的前景確實稱不上美好。

腦內的家庭教育

大腦皮質的神經細胞一去不復返。我們誕生到這世上時，幾乎所有的神經細胞都已經形成了，之後就是一路走下坡。腦子正在凋零中。

整顆腦都是這樣嗎？不，有兩個小小的區域從不曾停止產生新的神經細胞。其中一個腦區你一定聽過：大腦皮質深處的海馬迴，負責處理新資訊與建構記憶。

另一個區域的名稱有點拗口，叫做側腦室下區（SVZ），它就位在充滿腦脊液的腦室下方。從這裡新生成的神經細胞，會沿著位於腦部前端的腦室往前移動，最後移動到嗅球——這個很難被忽略的腦部結構，它與辨識氣味息息相關。這是有道理的，畢竟氣味種類實在多得數不清（最新研究指出，人類可分辨超過上兆種不同的氣味[33]）。相較之下，其他的感官知覺還是侷限了點：我們能夠辨別的顏色不是無限多種，頂多將近八百萬種，各家科學報告說法不一（至於可顯現一六七〇萬種顏色的螢幕到底有沒有用處，又是另一個問題了）；我們能辨識的音高大概不到五十萬種；味覺更是少得可憐，只有五種基本味覺。嗅覺則是千變萬化，永無止境。任何一種有機分子的組合，都有可能構成某種氣味；要分辨這麼多不同的氣味，得有各式各樣的感官細胞和聰明的腦神經連結。新生成的神經細胞很可能有助於不斷提升我們的嗅覺處理能力[34]。

談到海馬迴為什麼會有新生神經細胞，應該是另有原因。沒錯啦，新生細胞顯然對提升資訊處理或「學習」過程很重要，但它們到底如何支援這些過程，至今仍然是個謎[35]。雖然海馬迴和人的記憶力有關，但你可千萬別誤以為學習和神經細胞再生有關——「一則新的資訊會促成一個新生的神經細胞」，這想法完全錯誤，學習的機制優雅多了。你可以開始期待「腦力訓練讓你變聰明」和「我們都有專屬的學習類型」這兩章，再過幾頁就到了。

神經元，我敬你！

即使是成年人，腦子的確還是有些區域會製造出新的神經細胞。在名為「幹細胞區位」（Stammzell-Nischen）的這個地方，存在著很多前驅細胞，它們能發育成新的神經元。不過，再生的程度有限，有人估計過，海馬迴一天新生的神經元約一千個左右。和那裡三千萬個神經元相比，這個數字不算大。佔了腦體積一半左右的大腦皮質，卻沒有新生的神經元（就目前科學界所知啦，基本的謙虛態度是一定要有的）。大腦皮質的神經元細胞只會死亡。

不過別擔心！雖然有研究報告指出，人每天失去的大腦皮質神經細胞約有八萬五千個[36]，這不表示我們的生命就是一段變蠢的旅程。和腦子內無數的神經細胞相比，我們失去的其實微乎其微。仔細讀了上一章的讀者一定還記得，細胞的數目不重要，細胞之間的連結才是關鍵。數算細胞的任務，大可留給有自卑感的人去做。

喝酒時，也不用去算會死掉幾個細胞了。任何正經一點的科學都無法測量一夜狂飲會丟失幾個腦細胞。隔天的頭痛絕對和你喝酒殺死腦細胞沒關係，而是新陳代謝受阻，缺乏電解質的緣故。要解決宿醉，一定要多喝水，吃點含鹽分的東西。

然而，喝酒的確對增進腦功能沒什麼幫助（這好像是老生常談）。酒精是脂溶性分子，可以大搖大擺直接進入腦中，改變神經細胞的生化作用。來一杯紅酒是不必擔心會馬上殺死大量的神經細胞啦，但是很多關於神經組織的追蹤研究顯示，酗酒長期來說會損害腦部結構。神經細胞不僅會陣亡得比較快（尤其是控制注意力的區域[37]），連海馬迴的神經新生也會受阻[38]。酗酒幾年下來，清醒時的自我控制能力和記憶力也會變糟。

沒想到這個發現又變質為新的迷思，說什麼神經細胞死亡會導致一個人胡言亂語、無法控制自己的行為、怪裡怪氣地唱起安德烈亞・貝治④的歌，最後還會失憶（變成這樣或許失憶也算是好事）。沒錯，酒精會迅速干擾新陳代謝，阻礙腦部釋放神經傳導物質。不過，這影響是暫時的。只有長期重度依賴酒精，才會危及神經元的生存。長期酗酒的確會殺死腦細胞，這可不太妙。

④安德烈亞・貝治（Andrea Berg）是德國本土流行歌手。

神經元——這麼容易就死了？

你有沒有想過，足球員球賽後胡言亂語，可能是因為在九十分鐘的比賽過程中頂了太多球，殺死了一堆腦細胞？這解釋聽起來確實有道理。還是說，問題出在智力（因為打了九十分鐘的硬仗所以累壞了）？

科學家什麼都想測量，所以當然也有人研究頂球會不會影響腦結構。我們來看一下結果是什麼：如果一年頂球八八五次，頂個二十年，那麼大腦的側邊及後方腦區的連結會變差。如果一年頂球超過一八〇〇次，記憶力還會明顯下降[39]。真的耶！足球會讓人變蠢。

等等，等等，結論別下得太快。我們還得先區分長期影響和急性傷害。頂球不會製造出一堆笨蛋，況且，如果是我，踢了九十分鐘的球，就算沒有頂球，也沒有腦力回答記者那些亂七八糟的問題。在此我要安撫一下業餘足球員的心靈：研究所發現的影響是可逆的。至少，退休足球員和非足球員的腦力並沒有差異[40]——想拿保護腦力當藉口不運動的懶骨頭可能得失望了。相反的，在動物實驗中，小白鼠大量飲酒後，如果從事運動，不但復原得較快，海馬迴也能產生新的神經細胞[41]。不僅齧齒動物如此，同理也適用在人類身上。

誕生與死亡

有些腦部疾病，尤其是老年時期的疾病，是因為神經細胞不受控制地凋亡而產生的。帕金森氏症的患者，只要失去幾十萬個神經元，就會演變為震顫性麻痹。少少幾個神經細胞的死亡，也可能造成嚴重的影響，端看神經細胞死亡的位置而定，如果是發生在重要的樞紐，特定腦功能可能會受損。例如長期服用搖頭丸會使縫核（Raphe-Kernen）內的神經元受損，導致嚴重憂鬱。如果腦子可以跟其他身體器官一樣，有很多幹細胞可以源源不絕地產生新的細胞物質，不是很好嗎？

接下來的說法你可能會覺得很奇怪：神經細胞只會死亡、不能持續新生的機制，其實是腦部運作的重要條件！腦部最寶貴的地方就是它的結構和連結方式。這些連結裡儲存了所有的資訊、記憶、想法，以及處理感官知覺的能力和動作脈衝等。連結模式必須維持穩定，因為這是我們思考器官的最大資產。

有趣的是，這些設計細節都是在沒有具體計畫的情況下形成，會隨著生命的過程不斷變化。當然，海馬迴和小腦的大致結構是固定的，但是神經細胞的連結方式因人而異，它們十分有彈性，能隨時變化。

要是腦部每幾個月或每幾年就汰舊換新一次，會發生什麼事？因為沒有藍圖，新生細胞可能不知道之前的細胞幾年下來辛苦建立的連結長什麼樣子。這就好比人們把城裡的某一區拆光光，然後想不靠任何藍圖、隨興所至地重建，這時候，一定會到處是工地。如果你無法想像這會是何種景象，到德國卡斯魯爾（Karlsruhe）看看就知道了。

神經細胞網絡的設計決定了腦袋如何運作，這帶來了巨大的優勢——那就是，腦部運作因而十分穩定。因為腦部的運作不是依賴少數幾個重要的神經細胞，而是整個網絡的力量（當然也有例外，想想帕金森氏症患者的運動神經元）。就像網際網路也不會這麼簡單就斷掉，如果有個重要的伺服器壞了，資訊還是能透過其他管道傳送。

保留下來的神經細胞不是愈多愈好，而是留下那些重要的，它們的生命力旺盛，可以長期運作。腦部會持續清除無用的細胞，這對維持神經系統的效率來說非常關鍵。

新不見得好，你的神經細胞大多都跟你一樣老了，而且它們運作得還很不錯，至少你已經讀了本書六個章節（希望你學到了一些東西）。

迷思 7

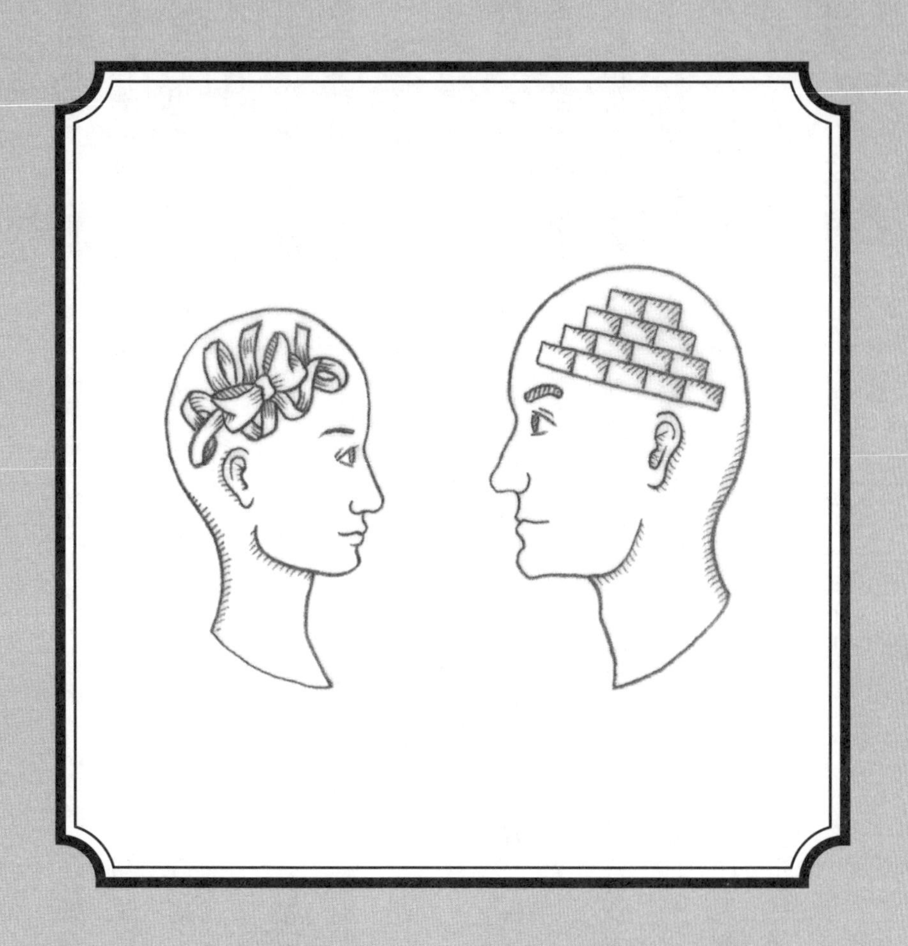

男女腦，大不同

前面所提的幾個腦神經迷思大多無傷大雅。左腦對右腦、凋亡的神經細胞、爬蟲類腦——這些主題都很有趣，然而最具爭議性的話題當然非性別莫屬。性別問題自人類存在就有了：女性的思考方式真的跟男性不同嗎？男人的腦和女人的腦有解剖結構上的差異嗎？誰的腦子「比較好」呢？

我承認，這個問題有點棘手，讓人迅速跌落萬丈深淵。沒有任何一個領域像神經科學一樣，被嚴重濫用到這種程度，還造成偏見。性別差異的陳腔濫調，在腦科學的加持下，幾乎成了金剛不壞之身：女性語言能力較強，懂得設身處地為他人著想，是因為她們的左右腦半球連結得比較好[42]；男人則是不善言辭，但是空間和邏輯能力較強。二〇一三年德國《世界報》（*Die Welt*）斗大的標題寫著：「腦科學：女性的腦子運作真的不一樣[43]」，《明鏡週刊》也來湊一腳：「男女線路大不同[44]」。

男人腦和女人腦的迷思，是腦神經謠言從何而來的最佳寫照。這裡有腦迷思必備的所有元素：能證明男人腦和女人腦確實存在差異的科學研究、人人都想插嘴發表意見的主題、一知半解的知識和老套的觀念——別忘了這種混合了科學、偏見、個人意見的大雜燴最好賣（雜誌、甚至電視節目都是）。有些作者也非得在書裡面點綴幾個有關男人腦和女人腦的章節——人人搶搭這班熱門列車，真是太恐怖了！

因此我現在鼓起所有的勇氣來做這事。我很清楚，接下來幾頁的陳述若有任何閃神，一定會被其他人拿來大做文章反駁，好鞏固性別差異腦迷思的地位。因此，我會萬般小心、拿出神經生物學的嚴謹態度，盡可能細膩地進行探討。

解剖構造上的差異

男人腦和女人腦不同！以神經生物學的觀點來說確實如此。就這樣。如何促進男孩及女孩腦部發展才「政治正確」，人們的說法變來變去，但男女有別是自然定律，男女之間的差異是可以測量的。不過，區區幾個解剖構造上的不同真的是造成差異的原因嗎？

女性的海馬迴比男性大，男性的杏仁核則比較大[45]。男性的腦子比較大（如前兩章所述），但是女性的大腦皮質較厚[46]，腦溝也較深[47]。男女的神經連結也有差異：女性的大腦左右半球間的連結較好（也就是連結的纖維較多），男性則偏向在同個大腦半球內建立緊密的網絡叢集——小腦的情況則是相反，男性左右側小腦的連結較女性佳[48]。

光是這些，就足以被拿來佐證刻板的男女分工模式是正確的。而且相關發現還不僅止於此！造成腦部結構及神經連結差異的原因似乎是男性荷爾蒙睪固酮。可以說，腦形成的初期都是女性的，但是在懷孕第八到二十四週之間，男胎兒會開始分泌睪固酮，逐漸開始形成「男性」的腦。一般來說，就算是一歲的幼兒，也看得出男女行為上的差異，小男生喜歡玩汽車，小女生喜歡玩洋娃娃（順道一提，沒有偏好哪個顏色）[49]。再者，這種性別差異不見得和人類的教養行為有關。獼猴也有很類似的行為：雄猴喜歡會滾動的東西，雌猴喜歡玩布娃娃[50]。

性別一旦決定，男女就有各自的路要走了：實驗顯示，女性比男性「能言善道」，能想出特別多以同一個字母起首的詞彙[51]。男性在解決與空間相關的任務時（例如想像自己轉動某個物體），表現得比女性好。

你可能會認為，這些發現在在證實了男女腦部的差異。睪固酮在出生前就把男生的腦男性化了，所以教養的影響力可能很有限。性別差異幾乎是「腦這個硬體設施」與生俱來的。男性的視覺中樞較大，所以可以把空間任務處理得較好[52]，女性的左右腦連結較好——哈，就是這種神經生理基礎導致男性比較會停車、女性話比較多。

人們拿科學研究來支持性別角色分配的陳腔濫調。其實，這些全是胡扯！事情的真相刺激多了。

言過其實

這些研究最大的問題就是遭人濫用，它們不只成了一翻兩瞪眼的解釋，還給了人們加油添醋的空間[53]。「女性的左右腦連結得較好」這種說法聽起來不錯，很容易使人相信女人能夠「全面性」思考，男人則是死板固執。然而，事實的真相是，我們根本不知道這些構造上的不同到底有什麼意義。

男人腦的局部性網絡較強，女人腦的網絡連結範圍較廣，這些可能都沒有錯。但是，截至目前為止，真正能提出證明的只有一個研究（而且這個差異僅出現在成人身上）。再說，沒有人知道，這些解剖結構上的差異造成了哪些影響。

光從腦部結構的大小，就想推斷腦功能，這種生物學觀點上的簡化，雖然很誘人，但其實是錯誤的，腦子可是一個非常繁複的系統呀。前面幾章也提過，尺寸並不是關鍵，特定腦區也不見得只負責某個任務，而是參與了好幾種任務。拿杏仁核來說，它是邊緣系統的神經核心，和情緒息息相關：男人的杏仁核較大，不自動表示男性比女性情緒化。關鍵在於杏仁核的內部設計，它和邊緣系統的其他部分如何整合，還有神經細胞對傳導物質的敏感度高低等等。

差異可因訓練而消失

我可以舉「男人的空間思考能力較強」這個例子，來說明性別差異如何被誇大。的確，平均而言，男性在心像旋轉實驗中表現較女性佳——但是我們要知道，這種說法只對「群體」成立，不能代表個人。而且這個結果的平均差異很小，男女兩組的組內差異比組間差異還大。換句話說，就認知功能來說，任意兩個男人之間的差距可能比某個男人和某個女人之間的差距大。

再者，如果訓練受試者做心像旋轉測驗的時間夠久（兩到三個禮拜），這個差異就會消失。就算男性在女性接受訓練的這段期間也跟著密集練習，女性還是可以迎頭趕上，表現出跟男性一樣好的成績[54]。更令人吃驚的是，十五歲的受試者做三度空間的物體旋轉測驗時，根本沒有所謂的性別差異。只有在做二度空間任務時，男孩的成績比女孩好（但是女孩訓練過後的成績跟男孩一樣好[55]）。

有些人可能會說，在單純的實驗室環境下想像骰子如何旋轉，這和現實生活一點關係也沒有——這個論點的確沒錯。智力測驗經常只會單獨測試個別能力（例如空間、語言、邏輯等），然後再將結果加總。這種測驗發現，就統計上來說，男性並不比女性聰明。不過，男性中偏差大的人較多，不管是成績較高還是成績較低的。也就是說，超級聰明的男人比較多，但是超級笨蛋也不少，剛好在天平的兩邊彼此抵消掉了。

在傳統市場內找路

如果不在實驗室而在真實環境下測驗方向感，會發生什麼事呢？有一個有趣的實驗就是研究男性和女性在傳統市場內的行為（所有受試者到傳統市場的頻率相同）。這個模擬任務要受試者針對攤位進行勘查，所以他們必須在市場內走來走去，熟悉市場的狀況。此外，受試者還會被問及哪些蔬菜或食品在什麼地方。結果呢？女性比男性記得更清楚大黃瓜或其他東西哪裡有賣[56]。另一個有趣的發現是，不管男性還是女性，高熱量的食物在哪裡，他們都記得比較清楚。比起梅子和桃子，人們更容易找到蜂蜜、橄欖油在哪裡。我覺得這個發現對速食店有利，真是太不公平了。果菜攤和健康食品店可得自立自強！乾脆放幾瓶橄欖油在櫥窗前，這樣你們的熱量至少可以跟對手不相上下，可能不會太快遭人遺忘。

當然，這裡少了對照實驗：如果受試者的所在地不是傳統市場，而是在德國建材商場找螺絲腳架，結果可能就會不一樣囉。玩笑放一邊，重點是，所在環境、具體條件、認知能力（如空間想像、方向感）都會影響成績。上面這個實驗裡的女性方向感較好，原因可能很多（例如她們普遍比較常上市場買東西，又或者跟市場攤販老闆有私交）。無論如何，直接簡化結果，得出「男性空間方向感較佳」的結論，都是斷章取義。重要的是，腦子可以依據不同的狀況調整——從實驗室三度空間想像力測驗得出的些許男女差異，要是遇上生活中發生的實際任務，就不再那麼明顯了。

石器時代的陷阱

討論腦的性別差異時，我們完全低估了一件事：腦從來不是（我要強調「從來不是」）靜態的，只會一成不變、用固定方法運作的腦根本不存在。腦子時時刻刻都在變——這和性別沒有關係。就如同前面的例子所說的，心像旋轉測驗的差異在訓練後會消失。現實生活的人們卻經常反其道而行：大家不斷強調性別成見，把性別差異當作推託的藉口。科學界把這種現象稱為「刻板印象的威脅」（stereotyper Bedrohung）。如果你跟女孩子說，她們的數學不好，那麼她們接下來的考試成績也會比男孩子差[57]（順道一提，男孩比較不介意這種社會壓力）。更可笑的是，男孩和女孩的數理邏輯成績在統計數據上根本沒有顯著的差異。

如果遇到有人用演化論點來支持性別刻板印象，再加上誤導人的神經科學證據，你就要特別注意了。照這些人的說法，石器時代的女人坐在家裡照顧小孩，說話說個不停，所以她們的腦子溝通能力特別強，語言連結較佳。幾乎所有現象都可以用這種似是而非的演化理論來支持，但是誰有辦法去驗證五萬年前的社會型態到底如何？就算神經生物學也沒有證據證明女性的溝通能力比男性強。在語言處理上，男性和女性沒有腦部差異。不管是男性還是女性，產出語言時的腦部運作方式很類似，並沒有所謂連結特別強大的「女性語言中樞[58]」。至於女性比男性多話的成見，也是鬼扯。男性和女性話一樣多，一天大約是一六〇〇〇個字彙[59]（有些人會問這是怎麼算出來的。告訴你，用一台小小的錄音設備，只要一說話就自動錄音）。

條條大路通……

我們對腦功能的想像太過簡化。我承認，要在複雜混亂的神經細胞裡找到一點蛛絲馬跡、建立概括的了解，簡化有其必要性。但是這種思考模式卻可能誤導我們，讓人過度重視男性和女性的腦部差異。

五加五等於多少?大部分的人會說十,因為這個問題的答案只有一個。很多人以為腦部的運作也是如此:特定的腦部設計就等於特定的思考模式。事實並不然。我們換個問題,X+Y=10有幾種解法?答案則是無限多(至少在不限答案是整數的狀況下是這樣)!腦的運作也是同理。智力測驗的解法不只一種,是很多很多種。腦的結構不同,僅僅代表了:對,沒錯,它們結構不同。沒有其他的意義!結構不同的腦可以解決同一個問題,而且解法一樣好。

人們在比較男人腦和女人腦時,正是得到這樣的結果。研究空間想像力一樣好的男性和女性時,人們在年紀較長的男女受試者身上發現,他們特別活躍的腦區男女有別(千萬別忘了,腦子的其他部分也同時在工作):男性多在左腦處理資料,女性則是兩個腦半球都用到[60],但是,得到的結果(想像一個物體旋轉)是一樣的。研究男性和女性對押韻字的反應時,也有相同的發現:女性的網絡範圍較大[61],但是男女的押韻能力一樣好。男性和女性思考方式不同,但是殊途同歸。

這些研究告訴我們:腦部的性別差異,不足以用來判定腦功能。腦子不斷學習、依接收到的刺激調整,才形成了現在的樣貌。沒錯,出生不久就可以測量到性別差異,但是雄猴對玩具汽車愛不釋手，不表示腦子會依照刻板模式運作。目前學術界有個假設是：睪固酮在兒童發展過程會影響視覺印象的處理，所以汽車並不是「男性」的玩具，而是某種可以輕易移動的物體，所以對「男性的腦」來說特別有趣[62]。

男女腦的確有別，這是不爭的事實。但是我們不能把性別角色的社會定位歸因於腦子的結構。這是一個互相影響的過程：腦功能決定行為，而行為形塑出某些社會結構，社會結構又反過來影響腦部的發展。腦子的彈性很大，會隨著時間順應環境調整結構。在腦子與環境持續的互動過程中，腦結構既反映了環境，也驅動了我們的行為。

無辜的腦

讀完這章你該學到三件事。第一，男性和女性話一樣多。第二，女性只要練習一下（擺脫「刻板印象威脅」），停車技術可以跟男性一樣好（這是空間思考）。第三，腦部解剖構造上的差異根本不能拿來作為支持刻板性別角色分配的理由。

相信每個人的腦子都長一樣，和相信刻板印象同樣沒意義，因為腦比你想像中更靈活。當然，男性和女性有所不同（你一定也注意到了），腦部也有差異，但是千萬別拿解剖結構上的差異來解釋性別刻板印象。性別差異的境界比刻板印象美妙多了：這是生物學證明條條大路通羅馬的最佳證據。

男性和女性的傳統角色，並不是立足在該死的神經連結上，而是在社會互動過程中形成的。生理構造當然指引了某個方向（我們接受某種性別認同，覺得自己是男性或女性），但是這個方向的外顯形式（要活在一個性別平等的社會，還是父權社會），不能用腦部差異來解釋。

補充一下，容我最後再糾正一個生化觀點：讚頌睪固酮是「陽性的荷爾蒙」，或是在談到「睪固酮導向的行為」時把睪固酮當成偶像來崇拜。睪固酮的確會進入腦部，改變腦部的細胞活動，但是只有當睪固酮在腦內轉變為雌激素後，才會發揮生理作用。所以囉，真正造就男人的是女性荷爾蒙，而且和促進排卵的激素是同一種。不好意思了，馬里奧・巴思[5]。

⑤馬里奧・巴思（Mario Barth）是德國喜劇演員，喜歡拿性別議題做文章。

迷思

8

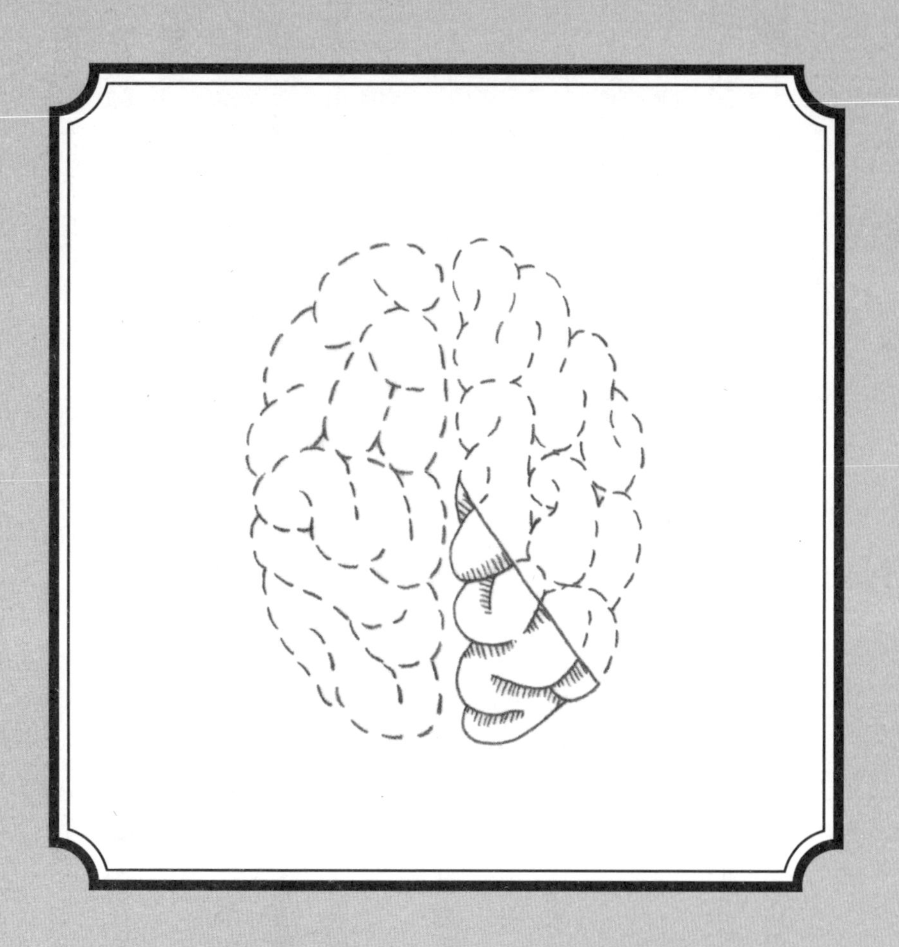

我們只用了10%的腦

本章要談的是我最愛的腦迷思。如果要頒發「最受歡迎的腦迷思獎」，這則絕對是冠軍。你一定也聽說過我們只用了一〇%的腦。換句話說，九〇%的腦閒置在那裡，等著我們去用。想像一下，我們可以一下子將腦功能提高十倍耶！

為了回饋花錢買這本書來看的讀者，我動手搜尋了一下這則謠言的來源。這個說法人盡皆知，想必有個科學根據吧。我瘋狂追查了好幾個月，終於確認：根本沒有可靠的科學來源或研究，也沒有半個像樣的科學家可以證實這個說法。我反而是在一堆心靈成長類書籍裡找到如何完全發揮腦子潛力，輕鬆克服一〇%障礙的說法。

現在我們終於找到這個迷思如此根深柢固的原因了，原來是有人在到處散佈謠言！可惜腦完全沒有自衛能力，別人要怎麼搬弄是非都可以，不會受到處罰。再說，要驗算一個人到底用了多少腦容量，也沒有那麼簡單，需要全套的器材和科學操作技術。這些技術幾十年前根本還沒出現，一看就知道腦多麼適合當八卦謠言的題材。

而且，這個想法簡單又迷人。你一定聽過「潛意識」吧——腦子裡發生的事你渾然不知。所以，我們只用了一小部分的腦來工作不是很合理嗎？生活經驗似乎也吻合這個說法：最近我不幸湊巧看到傍晚的電視節目，當下我真希望連續劇裡的主角只用了一〇%的腦。

腦中的背景雜訊

腦科學怎麼看待這個說法呢？從本書的宗旨看來，你應該早就知道了吧：這簡直完全鬼扯！胡說八道！許多研究腦的工具都可以確認這個說法是錯的。

讀本書時，你用到的注意力絕對超過一〇％。你一定還記得在迷思一（腦科學家可以讀腦）裡，我們談到用許多方法來觀察思考中的腦袋。所有的方法都顯示，腦無時無刻都在工作，絕對從來沒有偷懶的九〇％。

舉功能性磁振造影（大腦掃描器）為例，我們都知道它靠測量腦部的血流狀況，來判定哪個腦區特別活躍。觀看這些電腦製作出來的血流模式圖時，可以看見某個地方呈紅色，其他地方則是灰灰暗暗的。你可能會以為這就是一〇％定理的最佳證據。但是別忘了，其實這些圖是經過數位處理後，才看得到那些細微的血流差異，它們顯示的是「差異」。事實上，所有腦區都在工作，整顆腦的血流量分分秒秒都在變化，每個腦區（內含數以百萬計的神經細胞）的活化狀況一直都在變動。機器測量到的訊號非常複雜，得經過繁複的計算過程，才能辨識出這些測量到的訊號。因神經細胞網絡不停活動而產生的這些背景雜訊，並不侷限在某個區域。所有腦區都在活動，每一個對思考和感覺都很重要。

神經細胞的掌聲

除了造影技術，前面所提過的腦波圖也可顯示出，腦子忙得有多麼不可思議。腦波圖不是像測量血流那樣，間接推測神經細胞是否正在活動。繪製腦波圖時，受試者得戴上一頂好笑的帽子，上面裝滿了電極，這些電極會記錄神經細胞發出脈衝時產生的電場。有趣的是，由於神經細胞擁有喜歡聚集在一起的兄弟性格，所以訊號並不是單獨，而是彼此約好同時發送（也就是同步）。這是一件很棒的事，因為這樣產生的電場較大，比較容易從外面測量到。

你一定常聽到人們說，腦電波可以「導電」。聽起來好像很危險。不過這說法並不完全正確。事實上，透過腦波圖，我們可以確定的只有電場變強變弱的過程。令人驚訝的是，這些電場（和震盪）一直都在。不管測量頭部的哪個位置，不管在哪個時間測量，不管當時受試者是在睡覺還是吃冰，神經細胞都是不斷地成群發出脈衝，同步產生電場。不變的法則是，這些電場的震盪愈慢，注意力就愈低。深睡時，電場每秒變化三次；如果你集中精神專注學習（希望就是你閱讀這段文字的此刻），電場可能每秒變化七十次。但是電場從來不曾消失。

所以說，神經細胞會隨時保持活躍，相約好一起傳出脈衝。有趣的是，沒有人知道為何如此，又或者這個同步的過程是如何協調出來的。它和合唱團演唱美妙歌曲的狀況不同，合唱團要靠指揮來協調歌唱者的聲波，才能讓原本的背景雜訊轉變成歌聲。然而，腦子裡沒有指揮。神經細胞也不需要指揮，因為它們除了規律地產生脈衝，什麼也不會。如果在培養皿裡培養神經細胞，不出幾個星期的時間，它們就會在沒有接收到任何指令的情況下，開始產生脈衝，完全自動自發。當有許多神經細胞並列於腦部時，它們就會開始同步。最好的比喻就是一大群人一起拍手，一開始有點亂，也就是「拍手雜訊」，一旦拍手持續得夠久，節奏就會愈來愈接近——整個過程是自發性、自動組織起來的。

腦部的神經細胞也是這樣。即使我們並非有意識地在思考什麼，「神經脈衝的掌聲」（可以說是腦袋裡的背景雜訊）也一直都在持續進行當中。

燈火通明的宮殿

想像一下，如果腦子無時無刻都在工作，所有的細胞也辛勤配合，那麼腦需要很多能量，也就不足為奇了。另一個說法你一定聽過：休息狀態下，雖然重量只佔全身的二％，腦部消耗的能量卻佔了全部的二〇%。你一定不信，但是這卻是真的！

畢竟不斷產生神經脈衝、釋出傳導物質是非常費力的事。其他的器官沒有這麼積極，偶而也會休息一下：肌肉和腸道有事做的時候，才會需要更多養分。不過腦不一樣，它的能量消耗很穩定。不管是唸書，還是之後睡覺夢到書的內容，總血流量幾乎不會改變。

你可能想問，怎麼會這樣？腦袋為什麼不乾脆休息一下（至少一部分）？這是好幾百萬年天擇演化的結果。當然，腦子不是九〇%無所事事，但為何又徹底背道而馳，選擇不斷消耗這麼多的能量呢？

在自己家時，如果你是個節省能源的人，一定只會在你做事的房間裡點燈。如果你的家是有十個房間的兩層樓透天厝（我絕對樂見其成！），而你大部分的時間都待在廚房，那麼所有可用的電燈裡，你只用了一〇%。一般人想像的腦部運作就是如此，妥善地分配能源，只在需要的地方開燈。

事實完全相反。真要具象化來比喻腦部運作的話，腦並不是大房子，而是一座雄偉的宮殿，到處燈火通明，熠熠生輝。所有房間的燈都亮著，因為幾乎每個房間都有事情要做。總而言之，腦子的運作方式和我們習慣的世界，有著本質上的差異。

整理鞋子原則

如果我們經常使用某件物品，因為磨損的緣故，它終有一天會壞掉。所以，為了讓它撐得久一點，用的時候要小心，也要不時維修。以鞋子為例，有些鞋子可能愈少穿愈好，如此一來，外觀和功能都可以更維持得更久。然而，腦完全不是這麼回事。

我姊姊有一整個倉庫的漂亮鞋子。假設五十雙好了，有些鞋她常穿，有些比較少穿。如果有一天要整理自己的鞋子收藏，就像管理我們腦神經細胞，她的第一個動作就是檢查哪些鞋最常穿，並且不時維修，例如換個鞋跟或鞋底。那些漂亮卻從來不穿的鞋會先被挑出來，然後在某個時候丟棄。畢竟鞋子就是要穿，才能發揮它的功能。如此一來，她的鞋子收藏會漸漸減少，比方說剩下十雙經常穿的鞋子。鞋架上的鞋子沒有一雙是多餘的。剛開始篩選鞋子時，這些鞋的使用率是二〇％，最後則達到百分之百。

我姊姊偶爾還是會買新鞋子，假設數量不會多得太離譜（這當然不太可能，不信你問問她）。買了新鞋，當然要穿，才不會被丟棄。說不定，新買的鞋比原來那十雙鞋中的某一雙更常穿，若果真如此，那雙舊鞋就會被丟棄，由新鞋取代舊鞋的位置。我姊姊擁有哪種鞋、有幾雙鞋，並不會固定不變，而是和她所在的地方有關。因為她多住在澳洲，所以她的鞋大都是夏天穿的鞋子。如果她回到多雨的中歐，鞋子收藏可能就不一樣了，也許留下兩雙夾腳拖，其他的則會被耐穿防雨的鞋子取代。她的鞋子會隨著她的所在地變化，鞋子的數量也會增增減減，這些都和環境有關。

當然，我不想把腦和我姊姊的鞋子一視同仁，又製造出新的迷思來：不是喔，腦的主要任務並不是整理鞋子。不過這樣的比喻可能比較容易讓你了解腦部的運作模式。腦袋裡面沒有鞋子，而是神經細胞的連結、突觸；沒有人來負責揀選這些連結、把神經細胞丟出去（這點非常重要！），一切都是自發性的。基本原則和前面描述的整理鞋子的道理很像：神經細胞和突觸必須使用，不然就會死亡。經常活化的突觸也會經常維修保養或擴建。如此一來，這些常用的細胞和突觸的裝備會愈來愈好。

清理神經細胞

人類出生時，突觸連結的數量非常多，神經細胞連結過度旺盛。這些連結中，絕大部分是多餘的，可以說是垃圾連結。從出生後到青春期，這些連結會逐漸受到修剪，只有經常使用的連結會留存下來[63]。這道理有點像被足跡踏出來的小路，走過的人愈多，路就愈穩固、愈寬闊；突觸連結也會因為使用而變得更穩定、有效率。神經細胞有一套精密的方法來提高突觸的效能。某個突觸的活動如果特別旺盛，就會刺激細胞製造出結構分子，讓突觸變得更大更有效率；細胞也會儲存更多傳導物質，並製造更多促進傳導物質傳遞的蛋白質。簡單地說，每個強烈的神經脈衝都是細胞強化相關突觸的動力。不用的連結則會愈來愈弱，最後死亡。

千萬不可小看這個精簡化的過程。在二十歲以前，人類腦部神經細胞的連結會減少一半，也有不少神經細胞在生命初始時就死亡了。最後只會留下有用、經常用的連結。這個過程會持續一輩子。雖然之後精簡化的過程不如前二十年變化那麼大，但是突觸還是得經常活動，才有在腦子裡生存下來的權利。沒有用的累贅會遭丟棄（就像我姊姊不穿的鞋子一樣）。畢竟對細胞來說，用傳導物質養個完整的突觸得付出不小的代價。精簡化可以讓腦子省下不少能量。

在這裡，我要再次強調一個基本原則：這整個過程的動員是自發性的。沒有誰負責清除多餘的神經細胞及其連結（不像雕刻家雕塑雕像，也不像我姊姊清理她的鞋子）。這些工作完全由細胞自己來，每個刺激都會讓細胞脈衝的產生及傳導更加強健、有效率。若有必要，假以時日甚至會有新的突觸產生。

哪些刺激重要，哪些不重要，全由你自己決定。聰明的讀者，你才是持續提供腦子資訊與刺激的來源，你才是決定神經網絡該處理什麼資訊的人。神經連結用各種方式不停自我調整，有些變強，有些會變弱。此時此刻你的腦子非常個人化，是你處理過的資訊塑造出來的結果。

用吧，不然就丟掉！

現在你應該明白為什麼說整個腦都在工作，並沒有任何部分閒置。如果不是這樣的話，那麼不用的部分，也就是那九〇％的腦，早就不見了。我們可以說：「要嘛好好地用，不用就丟掉！」丟掉並不是壞事，相反的，腦可以藉著這個過程提高效率。它不把能量浪費在沒必要的大網絡活動，而是專注於重要的運算過程。

在功能性磁振造影和腦波圖中，人們可以觀察到大的神經群持續活動，這些是經年累月篩選下來的結果。這些網絡由最佳、最有用的神經細胞和神經連結組成。最妙的是，突觸愈用會愈好用。每使用一次，都可刺激細胞去擴展並強化突觸，突觸也會不斷保養、維修與升級。不用的突觸會漸漸消失，只有經常動的神經細胞和神經連結會留下來。

百分之百還不是全部

希望用腦絕對超過一〇%的事實沒有讓你太失望。這則迷思背後，其實隱藏了人們希望能透過某些技巧來「開發出」更多腦力。所以我要在此說些鼓勵的話（聽起來有點矛盾）：雖然已經用了百分之百的腦，但是你仍有發展的空間。

因為，腦子有不同凡響的適應能力，可以不斷提高效能。使用了百分之百，不代表它的能力已經到了極限。恰恰相反，正因為腦使用了全部的效能，所以它可接受更多新資訊。因為神經網絡的結構是可以改變的，還能產生新的神經連結，而這是學習的基本條件。腦的功能並不是固定的（它不是硬碟），也不是存滿就沒有空間了。沒錯，腦的「儲存空間」的確是我們剛好需要的大小：如果我們持續學習，它會更大更有效率；如果我們不用，它會變小。就像我在澳洲和在德國的兩個姊妹，她們兩人擁有的鞋子收藏就不一樣。腦會根據外界刺激和印象決定它工作的細節——也就是你「聰明」的程度。

其實這是個瘋狂的原理。為此，我特別準備了下一章「腦力訓練讓你變聰明」。

| 迷思 |
9

腦力訓練讓你變聰明

我多麼想要一個「超級大腦」！我想要在五分鐘內記下所有通訊錄裡的號碼、背完歌德的《魔王》（*Erlkönig*），或叢林求生營裡所有優勝者的名字等等……

超凡的神力、優越的智慧和過人的記憶力，這些都令人欣羨不已。但是這些能力不是與生俱來的，所以得付出一番努力，或者稱為「訓練」。訓練聽起來比較像運動，腦子也應該運動，它就跟肌肉一樣，會愈練愈好。

一直仔細閱讀本書到現在的讀者（希望如此）才剛得知，這種觀念很有道理。畢竟腦子會為了適應環境，改變結構以及神經細胞之間的連結。腦的效能不是固定的，而會依需求而定。所以囉，千萬不能生鏽！神經元就位，預備，起！跑吧！

訓練大腦，增強效能，這聽來非常誘人，難怪一堆「訓練機構」會因應而生。這些機構保證，人人可以透過個別訓練來增強腦力。這個神奇的概念稱做「腦力訓練」，坊間一堆猜謎書和電腦遊戲都保證自己可以增強注意力和專注力、促進空間想像力、提升工作速度等。簡單說，就是會讓你變聰明。太棒了！

光是靠訓練來改善腦力及思考器官的效能還不夠，相關的科學專業雜誌還告訴我們，還得好玩才行。二〇〇五年的《藥房觀點》雜誌（*Apotheken Umschau*）上寫著：「腦力訓練遊戲——讓你樂在學習[64]」，喚醒了我對腦力訓練的興趣。有什麼會比這更簡單呢？玩個有趣的電腦遊戲就能讓腦子變好，誰會說不呢？

「腦力訓練」已經風行十年了，相關產品還是賣得很好，書籍、雜誌、社區大學課程、電腦遊戲程式（從 Lumosity 到川島教授〔Dr. Kawashima〕）等等。所有公司都標榜自己是「量身訂做腦力訓練」的專家。為了幫這些產品增添一點「科學」色彩（要是沒有科學證據，也許沒有人會純粹為了好玩而去下載一個手機應用程式），廠商會引用一些研究，證明腦力訓練真的可以激盪腦力，在網頁上放一些穿醫師袍的人的照片，看起來馬上嚴肅許多。只要有腦科學證明，絕對不會錯。

腦力訓練真的可以增強記憶力、智力、創造力和腦力嗎？在螢幕上練習分類蔬菜水果，就能讓你不會忘了買菜清單，這個方法真的有效嗎？還是一切只是電腦遊戲廠商的廣告噱頭？

腦子的跳高訓練

腦力訓練到底有沒有意義，我們只要想一想運動訓練的原理便能知曉。想像一下，你得跳過一個一四〇公分高的柵欄。你要怎麼訓練最好？在沒有任何科學知識的前提下，你可能會試著原地跳高，一次又一次反覆練習。沒有助跑、沒有技術訓練、沒有協調練習，反正只是跳高嘛，專心練這個動作就對了。

問題是，一直原地跳高到底有沒有用？還是，要將動作拆解，分別練習，連助跑也不放過？土法煉鋼當然會改善你的跳躍力，但這並不代表你能成為一個優秀的跳高選手。

當你的腦子在做腦力訓練時，你就是土法煉鋼地在「訓練」它。沒錯，練習的確能訓練你的腦子——可惜成效有限，因為原地跳高的動作，只是整個跳高過程的一部分。專注於單一練習的腦力訓練，只能訓練心智能力的一小部分。智力和創造力是由很多不同能力激盪出來的火花，所以有意義的腦力訓練會比比較詞義或分類方格中的數字有用。

至於腦力訓練到底有沒有效果，時下的腦科學根本不感興趣。不可否認，針對某項具體任務而進行的訓練，確實有助於提升你解決那個任務的能力。真正的問題在於，這種效果是否會移轉。科學上把這種效果分為「近移轉」和「遠移轉」。近移轉的意思是，如果原地跳高訓練有成，那麼要我跳到箱子上，我也辦得到。遠移轉則是練習過原地跳高後，我的跳高、跳遠和跳台滑雪能力也會變好。

腦力訓練業界承諾的就是遠移轉的效果：有科學根據的遊戲可以改善「記憶力」和「專注力」（例如很受歡迎的 Lumosity 軟體），或「刺激腦力，使其保持年輕」（有個代表任天堂的日本博士這麼說）。這些人把餅畫得很大，保證可以改善一般腦力或複雜的認知能力（如創造力和記憶力）。針對腦力訓練所做的科學研究把重點放在：電腦遊戲的訓練，真的有提升一般腦力的移轉效果嗎？所謂的「遠移轉效果」是否真的存在？還是一切只是「原地跳高」罷了？

檢測腦力訓練的真假

驗證近移轉效果並不難。測驗坊間腦力訓練軟體的「影響力」時，你可以發現，自己定期練習的那個能力確實有進步[65]。例如，測試受試者的工作記憶時，如果他經常練習某個數字和符號的組合，那麼他除了同樣組合的記憶力會變好，類似任務的記憶力也會變強。誰料想得到呢⁉腦子真的可以適應新任務，到目前為止沒什麼好懷疑的。

研究人員經常觀察到兩種「近移轉」效果：有在做腦力訓練的人工作速度比較快，而且他們聲稱自己思考時，變得更清楚、有效率。這兩種效果可以解釋為什麼在某種程度上，腦力訓練確實有效——如果你經常練習某件事，你就會發現怎麼做可以完成得最快，你會發展出某種策略。如果你每天要分類五百個圖形，總有一天，這個任務會變得易如反掌。但這可不表示你的腦力提升了。一級方程式的賽車手知道如何在跑道上抄捷徑，讓他能更快抵達終點，但他用的還是原來的車子引擎。變快，只是因為任務的性質相似。一級方程式賽車手只會在跑道上抄捷徑，如果換到荒郊野外就不一定了。

腦力訓練的另一個效果也不容小覷，那就是它能提高動機。知道自己剛通過一個「有科學根據的腦力訓練遊戲」，我會覺得自己變得比較重要、能力也提升了。光是憑著這點，我的成績就會比對照組的對手好，因為我必須證明訓練是有效的，自己的努力並沒有白費！

科學研究也可以測量人的動機強烈與否。受過「腦力訓練」的受試者比較有動力，這不只表現在經過訓練的那項任務上，在性質相近的任務中，成績也較沒有受過訓練的對照組好[66]。受過訓練的受試者比較有信心，勇於接受困難任務的挑戰，不像對照組，一遇到困難的任務就放棄。這看似是認知上的遠移轉效果，但事實上受試者只是受到鼓勵，信心大增罷了。如果沒有考慮到這種安慰劑效應，一般人容易誤解這個研究結果，以為腦力訓練真的可以提升腦力。實際上，腦功能並沒有改善。

腦力訓練的真相

優秀的腦科學研究當然會考量這些因素，不會拿蘋果和梨子相比（勤做腦力訓練的受試者和懶得做腦力訓練的受試者），而是去比較接受不同腦力訓練的受試者。曾有一個樣本數很高的研究[67]（參加者高達一萬一千人），其中一組受試者接受注意力訓練，另一組訓練邏輯推理能力。兩組受試者分開進行各自的腦力訓練，在那之後，所有受試者都得完成一項之前沒有做過的任務（譬如記憶力遊戲）。研究結果顯示，兩組受試者成績一樣好（或一樣差），也就是這兩組接受過訓練的受試者並沒有成績上的差異！這些受試者似乎只是在訓練原地跳高，學會了原地跳高，卻無法跨過柵欄（只會解決訓練過的任務，但沒有變聰明）。

即使將「腦力訓練」定義放寬，科學研究仍然無法確認遠移轉效果的存在。玩策略遊戲的受試者，即使他們的專注力經證明有所改善，在注意力測驗的成績，仍然沒有比不玩策略遊戲的受試者佳[68]。所以囉，先在電腦上練習分類水果、蔬菜和乳酪，並不會讓你成為超市的識途老馬。

還有一點，沒有任何獨立的研究（這一點超級重要，因為很多提供腦力訓練的廠商會贊助科學實驗）曾找到任何一項「遠移轉效果」。每天解字謎並不會讓人變聰明或有寫作創意。玩字謎只有一個好處：總有一天你會知道「哪個地中海人最愛沒道理地暴躁起來，猜一個十個英文字母組成的字」，答案是 Berlusconi⑥。這個知識哪裡用得上？不知道。

紙上談兵

複雜的認知能力，到底能不能透過簡單的訓練來增進？想一想腦子運作的方式，就會讓人不禁打個大問號。畢竟聰明才智和創意才華不是透過紙上談兵學來的，而是得透過實做獲得。坐在咖啡廳裡分類詞組，還不如跟周遭的人搭訕、刺激語言中樞來得有效。

不會吧？至少數獨可以增強邏輯思考能力吧？沒錯，想解開數獨題目，你的確需要正確使用資訊，才能推論出合理的答案。解數獨題目和邏輯有關，也很好玩。但是這種「訓練」並不會讓你成為邏輯大師。

腦子其實很懶，只做必要的工作。它很快就會發現怎麼解數獨題最好，也就是找到解題的最佳策略。當然囉，假以時日，在你找到捷徑和需要的思考模式、改善加減邏輯後，腦子解決這類題目的速度也會愈來愈快。

萬一你的題庫裡面，在兩道數獨題中間突然冒出一個語言邏輯測驗——例如：「下列哪一個電視節目不屬於同一類？《實習醫生》（*Grey's Anatomy*）、《兩個半男人》（*Two and a half men*）、《法肯瑙的森林小屋》（*Forsthaus Falkenau*）？」（答案是《法肯瑙的森林小屋》，因為它是高貴的德國電視文化資產，不是買來的美國連續劇。）——那你的數獨解題能力可就一點也派不上用場了。訓練沒辦法告訴你正確答案。

許多腦力訓練最大的問題就在於，它承諾帶給人巨大的好處，練習的卻只是非常具體、而且往往沒什麼用處的能力（至少我不知道數獨可以用在什麼地方）。一個只要人分類四十個數字的具體習題，要怎麼用到廣泛的神經網絡？腦子只要基本運算一下就結束了！要促進認知能力，刺激的範圍得大一點。

回到跳高的例子：單一能力的訓練當然可能有用。原地跳高的能力一定有它的用處，想靈活地跳到跳高墊上，你也可以單做速度訓練或伸展肌肉。但是所有單一能力都必須融入整個運動模式內才有意義。同樣的，你可以用腦力訓練來「訓練」你在時間壓力下的專注力，但是這種練習單獨來看沒有意義，它只不過是「紙上談兵」，所有能力得整合進行為過程才有用——而腦力訓練無法練習到這部分。

⑥貝盧斯科尼（Berlusconi）是好幾任的義大利總理，以其具爭議性的作風廣為人知。

腦子與肌肉

因為我之前用了跳高的例子，恐怕營造出「腦子是肌肉」的迷思，現在我要鄭重聲明：腦不是肌肉！

不過，運作的方法倒是很像。

沒錯，不管是腦還是肌肉，都可以訓練。身體也一樣：骨頭會因為受力增強，而愈來愈穩固。皮膚曬了太陽變黑之後，對抗紫外線的能力會愈來愈好。肌肉多用，就會愈長愈有力。腦……對了，腦會怎麼樣呢？變大？變重？還是？

腦和肌肉一樣，會因應外在需求調整。肌肉一輩子都在對抗衰敗的過程，肌肉如果不用，就會變短萎縮。腿曾經打過六個星期石膏、看過鬆弛的組織（多是肌肉）長怎樣的人就知道我在說什麼。對肌肉來說，使用肌肉是成長的訊號，所以肌肉會愈練愈大愈結實。

腦子也會對外來刺激產生反應。語言中樞在左腦的人，該區比右腦的對應區域還大。研究甚至發現，八個星期密集的記憶力訓練（每天三十分鐘）會讓特定腦區變大，尤其是額葉部分。這個腦區和專心思考有關[69]。

不過注意囉，我說過，腦部增加的並不是細胞重量。腦部活化時，也不會促進新神經細胞的生成。之前已經提過，腦子極少生成新的神經元。「訓練可以加深腦部皺褶」的說法也是胡扯。基本上，大腦的架構不會變，變的是神經細胞的網絡及樞紐：神經連結通道會變寬。

是的，腦可以根據任務調整結構，但是和訓練肌肉的原理不同。訓練肌肉時，做愈多長愈多；然而，訓練腦子的關鍵是調整神經細胞之間的連結（突觸）。如前一章所提，這個調整適應的過程是自發性的，具有「愈用愈強」的反饋機制，下一回功能會更好，沒有使用的連結則會隨時間淘汰，整個網絡因此提高效率。靠這個方法，可以持續改良神經細胞的結構。腦子解決問題的能力會一步一步變好，並不是因為神經細胞變重，或是神經連結漫無目的地增加，而是神經連結經過精密調整後的結果。這不是相對愚蠢的肌肉辦得到的事。肌肉只會長大，不過這也足以讓人站在鏡子前的樣子好看點了——可惜腦長得不好看（抱歉，親愛的腦），第一眼看起來就是醜，還坐落在七公釐厚的顱骨底下。腦子的能力，也就是它精密的網絡設計，是藏在細節裡的。

想解決任務，讓整個網絡去處理各種資訊很重要，這也就是為何玩幾場電腦遊戲對腦子沒什麼幫助：因為它們只活化了神經聯盟的一小部分，而且訓練的是單一腦功能，這樣不可能達到「遠移轉」效果，也不能提升你的腦力。你完全忽略腦真正的運作方式了：許多腦區同時以新的方式活化，對神經網絡的影響比玩記憶力遊戲持久得多。

所以結論是，去他的腦力訓練童話。如果你想提升腦力，那就在現實生活裡訓練吧（而不是坐在電腦螢幕前）。和朋友聚會、做運動、談話、下廚、玩音樂、旅行等，這些在在都比「根據最新科學研究量身訂做的大腦訓練程式」有效得多。那些遊戲也許挺好玩的，但是不一定會讓我們成為聰明人。

| 迷思 |

10

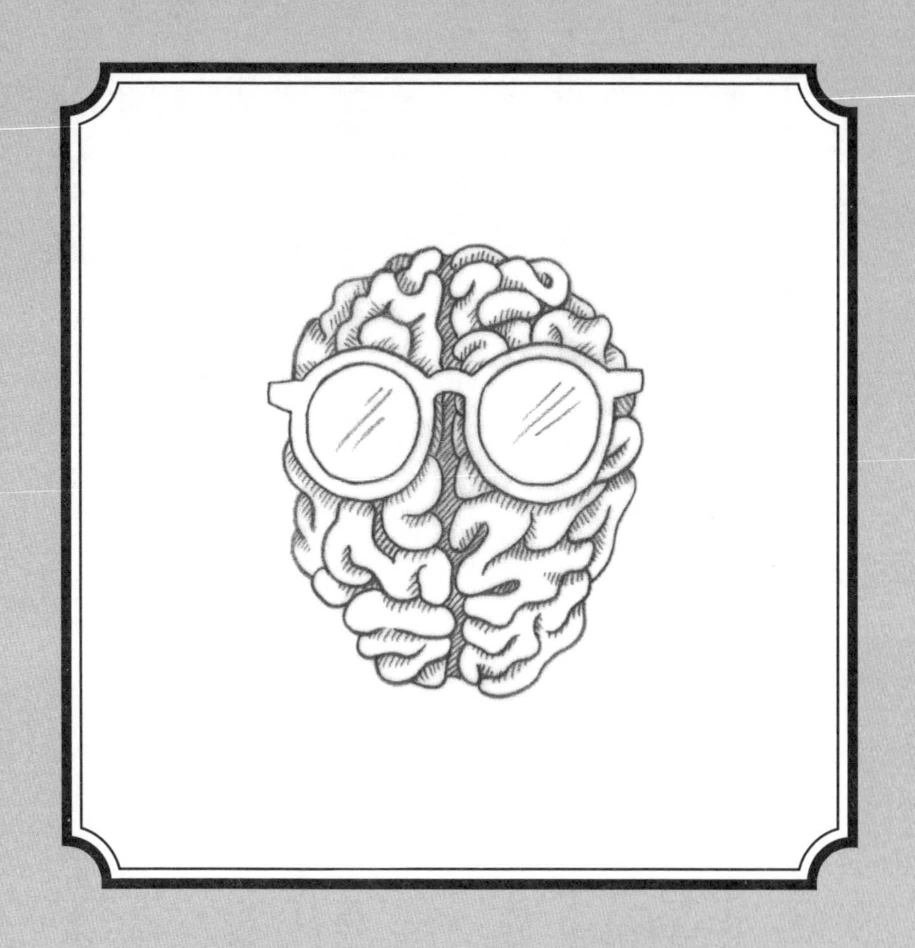

我們都有專屬的學習類型

親愛的讀者，如果你沒有馬上忘記剛讀的內容，那麼身為作者的我會感到非常欣慰。我這麼努力，可不希望讀者馬上就忘了我說的話。畢竟你花錢買了這本書，也該從書裡學到點什麼。

要記住這本書的內容，最好的方法是什麼？你可能會回答：「要看我的學習類型是什麼。」會這麼答，算你有點底子。如果你是視覺型的人，可能光閱讀就夠了。聽覺型的可能喜歡聽人朗讀書籍。或者乾脆雙管齊下：我可以用演講的方式為你們講解這本書，順便給你們看一些漂亮的圖表。每個人都有自己的學習偏好：圖案、文字、口說等。有些人喜歡把東西寫下來，有些人喜歡一邊學習一邊聽音樂。

學習類型這個概念不僅在學校、社區大學很流行，在心理學界也是熱門討論的主題：每個人都有自己的學習風格，都有自己最能有效接收新知的學習途徑。最有名的就是剛才提到的「感知類型」：有些人是視覺型、有些人是聽覺型、有些人是觸覺／動覺型（典型「非得寫下來不可」的人）、有些人是溝通型（什麼都得討論的人）。乍看之下，這樣的分類很合理，畢竟智力測驗裡也區分了這些能力：有些人視覺智能高，可以憑空想像骰子的旋轉。有些人語言能力好，可以玩弄文字於股掌之間。這不就代表這些不同「類型」的人，學習方法也不同嗎？

這樣一來，事情簡單多了，以背單字為例，最有效的方式就是先確定學習類型（你怎樣學最快？看、聽、寫，還是說？）。確定學習類型後，你就可以善用這個學習風格，將它應用在背單字上。如果聽聽單字就能背了，何必寫呢？——這樣可以省下不少時間。

學習類型的概念有三個優點：第一，它迎合我們的需求，讓我們覺得自己很特別。突然間，我們不再是某個不懂古希臘文不規則動詞的笨蛋，而是「聽覺／觸覺綜合型」——這種類型的人需要特別的學習計畫。第二，學習類型暗示用簡單的方法就能學得更好——先確認學習類型，然後進行專屬訓練。第三，它是個很好的藉口：一次學不好，想必是方法用錯，因為自己適用的方法比較不一樣。

鑑定學習類型還可以賺不少錢。坊間有不少課程教你學習如何「學習」。此外，教你怎麼準備考試的書籍也不少，而且完全針對你的學習類型研發而成。再不然，你至少可以用電腦軟體或手機應用程式，輕輕鬆鬆找到自己專屬的學習風格。

但願你早就知道自己的學習類型是哪一種。這樣你可能不會太快忘記接下來幾頁寫的東西。

學習類型大考驗

開始這章節前，我有一個請求：請你先忘掉有學習類型這回事！

至今，根本沒有任何一個科學實驗可以證實學習類型的存在。事實正好相反，學習成就和是否用偏好的方式處理資訊一點關係都沒有。實驗受試者（他們理論上各自代表某種學習類型）學習新知的成績一樣好；他們得到的視覺資訊特別多，還是聽覺上的協助特別多，對結果完全沒有影響[70]。同理，資訊以圖片或語音方式呈現，也不會影響成績。圖片比較容易記憶，不管你是不是聽覺型的人[71]。

科學研究得出的簡單結論是：學習類型的觀念其實是自我欺騙[72]。實驗結果顯示，不同學習類型之間並沒有統計上的顯著差異。相反的，研究可以測出有些人特別喜歡掉進學習類型的陷阱。比方說，認為自己是「視覺型」學習者的人，馬上會以「自己比較適合用圖片學習」為藉口，而調整自己的學習方法。腦子既不笨也不蠢，於是持續強化原本就很不錯的視覺資訊處理能力。經過一段時間，這些人就真的成了視覺型的學習者。這一切都是自我催眠使然，導致學習者在實務上也朝相同的方向發展了。

「等等！」可能有人會提出異議。學生之間的學習行為差異又是哪裡來的呢？而且這些差異很明顯。有些學生真的非寫下來不可，有些則特別喜歡討論呀。我們先來仔細瞧瞧腦子到底如何工作。

強大的神經細胞

學習對腦來說非常重要。不管你相不相信，腦子超愛學習的——這聽起來雖然有點瘋狂，而且你隨便問一個八年級的學生，要他說出任何一個德國邦的名稱，很可能會讓你留下相反的印象。但如果腦子不熱愛學習的話，我們不可能走出愛哭嬰兒的階段。雖然你一定想不起來，但是嬰兒時期的你也非常熱中於學習——等一下你就知道為什麼了。

學習是指習得新行為或新資訊。新資訊進入腦袋時，並不是單純放到硬碟就好。腦袋裡的新資訊是被儲存到神經網絡的建築結構裡。舉例來說，現在你看到一塊好吃的起司蛋糕。它的香味迷人，金黃的顏色令人垂涎三尺。此時此刻，你腦部網絡的活化方式是典型的起司蛋糕模式，同時啟動處理氣味、圖像、感覺、口味和回憶的腦區。這些個別的小活動共同組成了網絡的整體活動。正是這個神經元網絡裡的「點點星火」，呈現了起司蛋糕的美好。

我們在面對新資訊時，整個網絡會第一次以這種特別的方式活化。這個資訊一消失——例如，起司蛋糕被吃掉了——腦部的活化模式也就跟著消失了。這樣有點可惜，因為我們想把資訊記下來。所謂「記下來」，意思是指腦子可以重新喚起同樣的活化模式，而且比第一次更容易辦到。為了達到這個目的，靈活的神經網絡會依據外在刺激做調整：當神經細胞活化時，神經細胞之間的連結會被註記下來——我希望你的記憶力還可以，沒有忘記我在前一章提過的內容。有用的突觸會擴建，沒有用的會死亡。資訊進來時，網絡也會依照環境特性建立一個新的特殊活化模式。

這個現象的生理基礎，就是美國生物學家唐納德・海伯（Donald Hebb）所提出的「海伯定律」（Hebb's Rule），有許多現代的科學實驗證明了海伯定律的存在。這個道理我們日常生活中也經常遇到，如果想跟某個喜歡的人保持聯繫，那麼你得用點心，否則可能就會失聯。神經系統也是一樣。當某個神經細胞經常受到另一個神經細胞刺激時，它們之間的連結就會愈來愈好，未來也會比較容易活化。這個生化基礎名為「長期增強作用」（Langzeitpotenzierung），意指神經細胞持續重複受到刺激時，突觸的傳遞效率隨時間增加。換句話說，同一個神經細胞重複受到刺激時，它所傳出的訊號會比前一次強。如果一個神經元持續刺激另一個神經元，突觸將會生長或擴大，就像高速公路從二線道擴充為四線道一樣。資訊的流通會因突觸功能的增強而獲得改善。

長期增強作用的相反機制為「長期抑制作用」（Langzeitdepression）。這是神經網絡的改造機制。因為缺乏刺激來促進成長和使結構更穩固，沒有用的突觸會漸漸退化，長期下來，資訊傳導會受到抑制，也就是會愈來愈衰弱。

聽起來很複雜，不過長話短說就是：某個（你想要學習）的資訊會激發與其特性相關的神經網絡（每個資訊都有它的記憶印痕），神經連結也會隨之調整（好的會更好，沒有用的會消失）。而且，因為神經網絡已經學習過了，所以下次同一則資訊的活化效果也會增強。

這個觀念非常重要，卻經常遭人誤會。我們談的不是產生新的突觸、新的神經細胞或建立新連結。沒錯，以上這些機制也會發生，經常訓練的確會使某些腦區增大（比方說，語言區會隨著時間愈用愈大），但是減少連結的機制也很重要。網絡必須擁有可塑性，能依新刺激和資訊靈活調整，我們才有辦法學習。你給予神經網絡愈多改變和強化連結的機會，處理資訊的效率就會愈高。這和真實人生沒什麼兩樣：雜物不整理掉，它只會在那裡礙手礙腳。沒有用的突觸耗費能量，又阻礙資訊流通，也同樣礙手礙腳。沒用的就要丟掉，有時候，路徑少一點反而會提高效率。

人類出生後的頭幾年，突觸萎縮的機制（專家稱之為「修剪」〔pruning〕）非常旺盛。順道一提，這就是為什麼我們不記得自己出生時的情景。這段期間，腦子的可塑性非常高，所有多餘的突觸和神經細胞都會遭丟棄，記憶也就跟著被修剪掉了。這個時期的腦子必須建立基本的連結樞紐，選擇先保留思考模式（先知道怎麼想），捨去具體的記憶。我覺得這個決定十分正確。至少我完全沒興趣記得血淋淋的產房，和父母看到我出生時的驚嚇模樣。

愛現的腦博士

腦的學習策略清楚揭示了一件事：神經網絡應盡可能接收到多方的刺激。資訊在神經網絡激發的「活化痕跡」愈豐富，之後同一個網絡會比較容易活化（提取資訊比較容易）。再拿起司蛋糕的例子來說，你可能是在奶奶的廚房裡第一次接觸到起司蛋糕——鼻子聞到蛋糕香噴噴的氣味、嘴裡嚐到美妙的滋味、眼睛看到金黃色的烘焙色澤、耳朵聽見刀子切分圓蛋糕的聲音、感受咀嚼蛋糕的口感。這時奶奶問起：「好吃嗎？你喜歡我做的起司蛋糕嗎？」所有讚嘆奶奶起司蛋糕的相關資訊，你一輩子都不會忘掉。

諸如此類的事件會「深深烙印」在記憶裡，神經活化的模式既廣泛又穩固。相較之下，拉丁文詞彙給人的感覺就不是這樣了，它們的活化模式範圍較小，也沒有香噴噴的氣味。所以學習拉丁文時，我們得特別努力，神經連結才能適應。

為此，海馬迴的存在功不可沒，它是記憶暫存區，負責快速連結新資訊。為了將這些新資訊長久儲存在大腦裡，海馬迴會提取這個短期新知，然後驕傲地呈現在大腦眼前。海馬迴就像一個無所不知又愛現的人，不停提示大腦有新知識來了；大腦在汲取新知方面比較懶散，滿腦子都是既有的所知所長。海馬迴不斷提醒大腦有新知進來，因而一再地產生特定的神經活化模式。由於這類刺激不只一回，而是經常出現，神經系統便有許多機會調整其連結。換句話說，海馬迴負責把新資訊敲進大腦裡。資訊進入大腦後（也就是成為神經網絡內的高效能連結），想趕走都很困難。

聰明學習法

我們的腦子在思考時，動用了整個網絡；學習新事物時，腦子會調整神經細胞之間的精密連結。各種資訊會被分散開來處理，所以只用單一管道來學習的效果並不好。學習類型的觀念看似理想，但實際上只是一種教學伎倆，還把腦的認知歷程不合理地簡化了。依照「個人的學習風格」來背單字是沒有用的，這根本不符合腦子真正的學習原則。學習類型學習法還會阻礙多重感知的運用，導致人們只運用單一管道來學習。一個活化模式的範圍愈廣，它就愈穩固，要重新喚起也會比較容易。簡單來說，相距較遠的資訊若能彼此連結，神經網絡的活化模式就會較廣泛，自然也就會比較容易喚起。

千萬別相信「你是視覺型人」的鬼話。正確地說，每個人其實都是「全能型的學習者」，能結合不同的學習管道——閱讀、說話、寫下來、畫圖輔助、講解給別人聽。最佳的單一學習技巧其實並不存在，最好的方法是大雜燴！

除了有方法地吸收新資訊，如何處理這些資訊也很重要。和資訊處理關係非常密切的是睡眠（稍後會進一步談）。研究報告清楚顯示，睡眠不足會影響記憶力。我們也可以反過來說，睡前快速讀過的東西，隔天早上可以記得比較清楚。這就是所謂的「腦子消夜」。

腦子消夜的記憶效果好，很可能跟海馬迴重新調整許多連結後，再次刻入大腦有關。我之前也說過，海馬迴甚至有神經細胞新生的現象，而在睡眠時，細胞生長和神經連結的建立特別旺盛。

千萬記得一點：多方刺激腦部，多重複，才會學得好。這樣一來，神經網絡才會適應新資訊。

現在，你一定早就忘掉學習類型的迷思了吧。這個迷思完全低估腦子的智慧，蠢到以為人類光用單一個學習技巧，就能創造出頭殼裡資訊處理的演化奇蹟，完全忘了腦子是多麼能幹。學習類型的觀念會讓人走入學習單調化的死路，沒有任何腦子喜歡這樣學習。

| 迷思 |

11

小小的灰質細胞獨立完成一切

這個說法其實只有「細胞」這點是對的，其他的都不正確。我們需要從細胞生物學來分析討論。我很高興有這個機會，畢竟我之前在這方面的研究也不是白做的。

從這個腦神經迷思我們再次看到，無稽之談只要聽起來易懂好記，可以散播得多快。「小小的灰質細胞」聽起來實在不太起眼而且很一般，但透過灰質細胞，腦子裡發生的種種現象可是驚人多了。「獨立完成一切」這說法也有可議之處。大部分人認為，腦只會思考，其實不是，除了處理訊息，同等重要的事實是，神經細胞是在多方協助下完成任務的，因為它們並沒有辦法獨力進行思考。所以說，別再誤解了，我們來研究一下腦的細胞生物學吧！

大小

乍看之下，神經細胞真的很小。的確，可是細胞不都這樣嗎？想要看清楚一個細胞，你需要一個至少可以放大兩百倍的顯微鏡。不過，說神經細胞真的很小其實也沒錯。尤其是如果我們看的是它細胞體的尺寸，它真的是相當微小：平均十微米，而網球是它的五千倍。

在細胞體中，存放著神經細胞最重要的部分。這之中除了有細胞核本身（帶有遺傳訊息），還有與能量代謝（蛋白質合成和分配）有關的重要胞器。十微米要容納這麼多東西真的是小了點。結締組織細胞或肝細胞很快就能長成十微米的兩倍大小。而且細胞當中真正巨大的，非女性的卵細胞莫屬了，它比神經細胞的細胞核部分大了十倍左右，也比精子的細胞核大上二十倍。說到這裡，現在你總該知道受精時誰有決定權了吧！

不過，如果我們只注意神經細胞的細胞核，就會錯過最精華的部分，也就是那長度驚人的神經突（Neuriten）。一個神經細胞為了和其他神經細胞建立連結，會長出一條很長的神經纖維，它叫做「軸突」（Axon，從希臘文的「軸」來的）。它就像是「發射天線」，神經細胞靠它把資訊傳送給其他神經細胞。當然，神經細胞也會想知道周遭發生了哪些事情，於是它在自己四周形成許多短小的「接收天線」，也就是「樹突」（Dendriten，希臘文「小樹」的意思）。其他神經細胞能藉由樹突連上這個神經細胞，「突觸」（Synapsen）指的就是樹突和軸突的相連之處。

誰要是認為，神經細胞會為了盡可能和很多其他神經細胞連結，而朝四面八方長出軸突，那可就大錯特錯了，因為一個神經細胞只會形成唯一一條軸突，從古至今沒有例外。所有的資訊傳遞就透過這麼一條軸突，這對神經細胞有莫大的好處：它們只需要產生一次神經脈衝，然後經由這唯一的軸突傳送出去。可是這裡我還是必須說明一下，這條軸突在末端還是會分岔，並且能夠與其他的神經細胞構成數千個突觸。神經細胞可說是真正的溝通奇才，可以同時對多達十萬個同事說話，而且它們還全都聚精會神聆聽。我還真希望自己哪天在大學課堂上能親身經歷一次這種事（這裡最多也不過坐了幾百個學生而已）。

這些軸突讓神經細胞成了人體內最長的細胞，因為它們可以長得很長。只要想想那些把運動脈衝從脊髓傳送到腳趾的神經細胞就知道了，隨隨便便就一公尺長了。如果一顆網球也有一根這麼長的軸突，那大概會像鉛筆一樣粗，而且長度超過五公里。

結論就是：神經細胞的細胞體很小，但是延伸出去的部分卻很長。所以它們一點也不小，反而是延伸了整個身體。脊髓中某些特別長的神經細胞根本是最大的細胞。

顏色

我們的腦究竟是什麼顏色的？好問題。

切開頭骨，看一眼新鮮的腦，你馬上就會知道它絕對不是灰色。你看到的會是一坨由蛋白質和脂肪構成、淌著血的白色黏滑物質，它像是被人用力塞進腦殼裡似的，彎彎曲曲，皺成一團。人們第一眼看到只有一個感覺：奇醜無比，怎麼也不像是崇高的「靈魂所在之處」，你原本可能以為靈魂是正襟危坐在一個灰色、無菌、整齊乾淨的思考中心呢。如果真有靈魂的存在，那它也是散佈在一團黏滑的組織當中，就像被人塞在罐子裡的廚房海綿。難怪有人會在萬聖節時買塑膠腦嚇人，因為從外觀來看，腦子真的不是萬人迷器官。

儘管腦乍看之下並不討喜，但是再看一眼，你會發現它是瑰寶。因為如果看得夠仔細，你就會發現它的美：沒有其他器官像腦這麼錯綜複雜又超級有秩序。腦不是單純塞滿了神經細胞而已，而是所有的結構非常巧妙地結合在一起——可惜你必須在顯微鏡下非常仔細觀察才看得見，因為這麼小的細胞，很容易就被忽略了。不過，它有些排列模式就算是未經訓練的眼睛也能一眼注意到：如果把腦切開，然後由前方看截面，你會看到兩個顏色不同的區域——外圍顏色較深，中間顏色較淺。為了讓勤勉刻苦的醫學院學生能夠輕鬆學習，外層我們就稱它「灰質」，比較裡面中間部分的組織則稱之為「白質」。

我前面已經提過，神經細胞可以分成兩個部分：細胞體部分（小而巧）以及延伸範圍寬廣的神經纖維部分（很長的軸突，後面會分岔形成接觸點）。大腦灰質的部分主要由細胞體構成，因為結合得很緊密所以組織的顏色較深。相對的白質部分則是很多的神經纖維，它們包著一層含有大量油脂的絕緣鞘膜，因此顏色較淺。神經細胞同時存在於白質和灰質當中，沒有一定是什麼顏色。大腦中的灰質顏色較深，僅僅是因為那裡的神經細胞緊密壓縮在一起。神經細胞本身幾乎沒有顏色，在實驗室的培養皿中，你必須非常仔細觀察才看得見，因為它們幾乎是透明的。

然而，腦子裡有一處例外，那就是「黑質」（Substantia nigra）。它呈現黑色，是因為某些神經細胞會形成黑色素。至於為什麼它們會形成黑色素，沒有人知道。畢竟腦子沒有必要為了讓少數幾個解剖學家印象深刻，非把自己最深處弄得很好看不可。可是我們卻很清楚，這些黑色神經細胞一旦衰亡，會發生什麼事：這是帕金森氏症的發病原因，因為這些神經細胞在控制動作順序上扮演要角。

總而言之，神經細胞沒有顏色，只有緊密集合在一起才會讓組織呈現灰色。順帶一提，有些腦看起來呈亮灰色，那是因為長年泡在充滿防腐液的玻璃瓶裡，這當然不是腦自然的狀態。新鮮的腦顏色淡淺而且沾滿了血。

腦中的細胞

神經細胞認為自己是最偉大最優秀的細胞。在某些方面，此話確實無可反駁。神經細胞是腦子裡酷炫的網絡細胞，它們可以將資訊重新組合和計算，產生很棒的新點子。只要在網路上搜尋「腦神經網絡」，你最先看到的就是色彩繽紛的神經細胞（你已經知道沒那回事，前面我已經解釋過了）正在彼此交換訊息。這個位在空蕩蕩空間中的神經網絡到處閃爍著亮光。

等等！腦袋裡大部分是空的？沒錯啦，看看身邊的某些人你很可能會覺得他們的腦子裡大部分是空的。但當然，像這樣的圖又是胡扯，很容易造成另一個迷思，誤以為腦完全由神經細胞構成，而且它們之間除了連結就只是空蕩蕩的空間。

單一神經細胞能做的事不是很多，只能接收許多不同的神經脈衝，然後產生一個新的脈衝，沒了，就這樣子。神經細胞全心全意地和其他細胞閒聊和溝通，可是一件事如果做得太投入，就會忘了還有其他該做的事，譬如吃飯、打掃、保養身體等等。看看那些一天到晚掛在網路上聊天的青少年就知道了！只不過，神經細胞可不能撒手不管自己的外觀和新陳代謝，所以它們找來能協助自己工作的輔助細胞。因此神經細胞從來不是獨立存在，而是擠在輔助細胞之間，這些輔助細胞充滿了整個腦部空間。當然，神經生物專家不會稱它們為「輔助細胞」（這太普通了），而是「神經膠細胞」（Gliazelle）。聽起來很科學，但也不過就是術語，用來說明這些輔助細胞就像黏膠一樣存在於神經細胞之間。

所以說，神經膠細胞的功用是幫助神經細胞，從最基本的新陳代謝開始[73]。神經細胞會消耗很多的能量，就好比一個正在參加電腦網路派對的青少年會叫外送比薩，神經細胞也是動也不動，等著人家送吃的來。這項工作就由星狀膠細胞（Astrocyte）負責。星狀膠細胞雖然在神經系統中也不怎麼動，但是它們有一個很強的能力：它們可以從血液中攝取並儲存糖分，將之消化到一半，然後把這代謝中間產物分泌給神經細胞。神經細胞就用它來補足能量需求。也就是說，這麼重要的神經細胞，原則上是靠著吃星狀膠細胞產生的垃圾維生的。我把這看做是腦子內部氣氛好。

不過，星狀膠細胞做的事還不只這些，它長長的星狀突起（也就是它名字的由來）會向外放射到神經細胞網絡中，與其他所有神經細胞接觸，藉此調節電解質的平衡，這對傳遞神經脈衝至關重要。它們會把廢物運送走，分解釋放出來的傳導物質，並且以這種方式調節脈衝的傳導。它們會在特殊的神經組織和血管之間形成幾乎不可滲透的屏障：血腦障壁（Blut-Hirn-Schranke）。它幾乎阻止了所有的物質進入大腦，藉此保護敏感的神經細胞系統不受外界影響，並完全封鎖不讓入侵者進入。它們填滿腦的整個空間，並且無時無刻控制著重要代謝物的產量。總而言之，它們做的是一些非常低階的工作，要神經細胞來做這些事太浪費了。

此外，最近有愈來愈多的跡象顯示，星狀膠細胞甚至積極參與了訊息的處理。它們也會對電刺激產生反應，並且改變自己的化學電位[74]。換句話說，它們會對外面的刺激做出反應，雖然不像神經細胞那麼精準，但人們愈來愈清楚，星狀膠細胞不只是一種位於聰明神經細胞間的愚蠢填充物質，這兩種細胞一起建立了默契十足的良好團隊。

膠質——連結

星狀膠細胞不是唯一協助神經細胞的膠細胞。舉神經纖維的例子，如果沒有東西幫忙絕緣，強大的神經脈衝根本不可能存在。我們都知道，普通的電線外面也一定包裹著一圈橡膠絕緣體。絕緣體很好用，這樣一來，你觸摸電線不會馬上被電到，而且還可以好幾條電線捆綁在一起。

對腦來說，絕緣也很重要，因為腦子裡的空間有限，必須有效利用。寡突膠細胞（Oligodendroglia）的存在，就是為了讓神經纖維能集結成束，並且加速脈衝傳導[75]。「寡突膠細胞」是一個很複雜的名字（希臘文是「一些小樹」的意思），但其實不過是在描述這些輔助細胞的形狀：它們會形成一個個短小的突出，就像樹上長出的小樹枝。這些突出物會纏繞一條或數條神經纖維，形成一層富含蛋白質和脂肪的護套。但不是密不透風地套住，而是分段式的，每隔一段就會有沒有護套的空隙露出。聽起來很奇怪，畢竟一般電線的絕緣套上頭也不會有坑洞。不過，斷斷續續的絕緣護套對神經纖維而言卻是好處多多，因為這樣一來，可以大大地加速神經脈衝的傳遞。

一個電脈衝沿著神經纖維傳導時會產生電場，這個電場相當微弱，但是強度仍剛好足以從神經纖維絕緣體的一個空隙越到下一個。電場在那裡強化了，又可以繼續再越到下一個。也就是說，神經脈衝不是緩慢沿著整條神經前進，而是跳過一個又一個的空隙，而且速度非常驚人，每小時四百公里。要是沒有這種絕緣體，傳導的速度會很緩慢，只有每小時十公里。

團隊合作在此處也是關鍵。沒有膠細胞的協助，神經細胞根本不可能如此順暢無阻地交換資訊。訊息傳遞必須快速，這是最基本的。你可以利用數據機上網，試著去逛一個時下流行的網頁看看——煩死你。發生在腦子裡，也會一樣很煩人，但幸好神經纖維無時無刻不受到膠細胞的照顧和保護。它有多重要，看看像多發性硬化症（Multipler Sklerose，這名字的意思是，因為神經組織長期結疤而多次硬化）這樣的疾病就知道了。這種神經疾病會發生，是因為有絕緣作用的膠細胞連同包圍神經纖維的髓鞘一起死亡。沒有了這些絕緣體，神經脈衝的傳遞也會瓦解，神經於是接著退化。更糟糕的是，衰亡的膠細胞會招來免疫細胞，免疫細胞會引起神經組織發炎，造成進一步的損害。遺憾的是，導致這種疾病的罪魁禍首是誰，至今仍不清楚，是衰亡的膠細胞、過度反應的免疫細胞，或許也包括了神經細胞本身。未來的腦專家還有很多工作要做。

腦子裡的打架部隊

神經組織中也有免疫細胞，它們負責維持正義和秩序。不過執行任務時，還是得非常小心，因為神經系統非常敏感，這裡是一個非常不適合各種微生物任性打架的地方。因此這項工作由第三種神經膠細胞專門負責：微膠細胞（Mikroglia）[76]。它的名字很容易理解，就是「很微小」。它們也非如此不可，因為它們躲藏在腦子裡，監控著不讓任何外物非法進入腦部高度警戒區。嚴格說來，它們其實來自骨髓，不是「真正的」膠細胞（其他的膠細胞來自腦組織）。它們是類似白血球的免疫細胞，像是被腦子特地徵召來完成特殊任務的士兵。

微膠細胞身兼管家和警衛。它們會清理死掉的細胞，讓腦子保持清潔。它們悄悄完成任務，一點也不招搖，躲在其他細胞當中舒舒服服地過日子。等到萬一哪天腦遭受攻擊，微膠細胞才會露出真面目——它們其實是行動迅速的特攻隊。一旦有外物入侵腦部（譬如細菌），它們會立刻採取主動攻勢，快速通過腦組織，分散開來，並且變得非常有攻擊性，對入侵者猛倒發炎物質，一點也不手下留情。這些化學武器不僅能毒死微生物，也會毒害到神經細胞，所以像這樣的發炎反應往往也會傷害神經組織（就像多發性硬化症）。儘管如此，它們還是不可或缺的。因為如果沒有保全，神經細胞對入侵者完全沒有招架之力。

真正的英雄

就算有人改口說：「大大的無色細胞獨立完成腦子裡的所有工作。」這種說法還是不對。因為大部分的工作是由輔助神經細胞的神經膠細胞完成的。甚至關於神經膠細胞都有迷思，那些一知半解的人認為，在腦部，神經膠細胞的數量是神經細胞的十倍。這並不正確。它們的比例很明顯接近一比一，雖然膠細胞似乎稍微多了一些。

總而言之，腦子裡的工作是團隊合作完成的。沒有膠細胞就沒戲唱。神經細胞專門負責處理神經脈衝，它們需要可靠的團隊來負責供應營養、保持神經纖維的絕緣狀態，以及維護安全。神經膠細胞不僅是了不起的神經細胞之間的填充物質，它們無私地為神經細胞奉獻，可是呢，至今仍沒有獲得可與神經細胞媲美的聲譽。

| 迷思 |

12

腦內啡讓人high

沒錯！你可以把它打個勾放一邊了。關於腦內啡（Endorphine）的這個陳述是對的，腦內啡確實會讓人 high。如果你覺得知道這樣就夠了，可以直接跳到下一章。但是如果你想知道腦內啡的真相，接下來幾頁會讓你大吃一驚。

腦內啡有個好名聲，它通常被視為身體裡的「快樂荷爾蒙」。而且，心情好的人通常很快認定自己的血液裡有很多腦內啡。於是，high 和腦內啡就這樣不知不覺地連在一起了。

誤會就從這裡開始，因為不可能有「快樂荷爾蒙」這種東西，腦內啡也不是為了讓我們快樂而存在的。身為科學家，我自認有責任破除一些與 high 和腦內啡有關的觀念，它們很流行，實際上卻似是而非。那「快樂情緒神經傳導物質」究竟是怎麼回事？它們如何產生作用？當人在 high 的時候，究竟會發生什麼事？

一開始是毒品

「腦內啡」從名字來看是「內部生成的嗎啡」⑦，也就是說，它是身體自己製造出來的。科學家在命名的時候，用字通常很精準，可是這裡偏偏出了差錯，因為腦內啡根本不是「身體本身的嗎啡」。我們只要看看腦內啡被發現的經過，很容易就能理解這個愚蠢的命名是怎麼發生的了。而且這還只是不久之前的事而已。

在人們還不知道腦內啡的存在之前，早就已經開始利用嗎啡讓自己進入飄飄然的狀態。方法其實很簡單，只要把罌粟籽莢稍稍刮破，把流出的黏滑汁液塗在麵包上，然後咬一口就行了。這汁液就是鴉片（Opium，這個字是從拉丁文的「罌粟汁」來的），裡頭含有足以影響腦部活動的草本物質。在這些草本物質當中，會對心理產生作用的重要成分就是嗎啡。它的英文 morphine 源自希臘的夢神 Morpheus。嗎啡會讓人躺平，可是睡覺是不可能的。所以幾百年來，人類利用鴉片來享受飄飄然的感覺，沒人知道它怎麼發揮作用。不過那些人大概也不在乎。

直到一九七〇年代，人們才在腦和脊髓中所謂的類鴉片受體（Opioid-Rezeptoren）上發現嗎啡，它們在這裡產生作用。受體是細胞與神經傳導物質之間的中介，只有當訊息分子停駐在受體上，細胞才能產生反應。我們稍後就會看到，那些受體要比結合在其上的物質重要多了。

從類鴉片受體很快帶出了一個問題：為什麼腦子會發展出對鴉片劑有反應的受體？大

⑦腦內啡的英文 endorphine，拆開來是 endogenous morphine，原意是「內部生成的嗎啡」，並沒有特別點出「腦」，中文「腦內啡」的譯法其實有些誤導人。雖然腦內啡是腦下垂體跟下視丘負責製造的，但它的影響範圍除了腦袋，更遍及全身。本章後續有更詳細的說明。

自然不太可能預期我們會去吸吮罌粟籽莢的汁液吧？

雖然是內發的興奮劑……

人們很快就發現，人體內生成的某一類物質會和這些嗎啡受體結合在一起。雖然這類物質在結構上和嗎啡分子完全不同，但想到它那類似嗎啡的效果，人們於是將之命名為「腦內啡」。為了保險起見，你可以跟著寫一遍：我們的身體不會自行生成嗎啡！腦內啡分子大約比嗎啡分子大十倍（大約比水分子大兩百倍），而且兩者的分子結構除了一個小小的部分相同，其餘長得完全不一樣。腦內啡就是利用這個小小的部分和受體結合，而且嗎啡分子就是因為這部分長得像，才能發揮生物化學作用。腦內啡分子有四種，但是當我們說到「腦內啡」時，通常指的是β－腦內啡——這種蛋白質由三十一種胺基酸共同組成，是肩負特殊任務的高級神經傳導物質，不是身體任何地方都有的。

下一個要澄清的是，腦內啡的存在不是為了要讓人亢奮，它最重要的工作是止痛。它們是身體自行生成的止痛劑，會釋放在脊髓中，並且像麻醉劑一樣對那裡的神經細胞產生作用：它讓疼痛脈衝的傳遞變得困難，從而減輕我們疼痛的感覺。這在身體不舒服的時候特別重要。或許你自己也曾有過感覺不到疼痛的經驗，因為人在壓力下不會感覺到疼痛，往往是到後來才發現，自己的身體不曉得什麼時候撞到了。女人生產時，要不是有腦內啡抑制疼痛，根本撐不過去。就曾有脊椎骨折的自行車選手還繼續騎了好幾個小時的車，因為他的疼痛被抑制住了。這正是腦內啡的作用。

不僅如此，腦內啡除了具有止痛的重要功能之外，還會抑制腸胃活動（因此正在接受類鴉片藥物治療的人常會便祕），並且參與調節飢餓感和體溫。腦內啡也可能被釋放到血管中，對血液中的免疫系統（也就是白血球細胞）產生作用，增加它們的活性。換句話說，它不是人體自行產生的毒品，也不只是帶給我們興奮感的「嗎啡類神經傳導物質」。確切來說，腦內啡是各種生理機能的重要調節劑，它在血液中發揮的是荷爾蒙的功能。

血液中的腦內啡也和興奮狀態無關。它們必須進入腦部才有可能產生這樣的作用，但是不可能，因為它們太大了，無法通過血腦障壁（微小的嗎啡分子就不一樣了，很快就能通過）。所以，要是有人說自己「血液中有很多腦內啡」，對此人而言，是很好啦，而且他很可能經常便祕，但血液中的腦內啡不會讓他 high 起來。所以，我要再糾正一件事：「快樂荷爾蒙」同樣不存在，因為釋放到血液中的荷爾蒙不能發揮像神經傳導物質那樣的作用。就連「快樂神經傳導物質」這概念也不符合腦內啡的本質，我們馬上就來談談為什麼。

快樂中樞的一切源頭

所以說，腦內啡必須在腦部才能讓人 high。我們一再聽說腦子裡有個快樂中樞，只要活化那個部位，就能帶來極樂感受。這個說法完全正確，因為快樂中樞的確存在。

快樂中樞是科學家在一九五〇年代發現的。當時為了研究老鼠的睡眠行為，研究人員把電極植入老鼠腦中，而且牠們可以自己刺激被植入的電極。研究發現，老鼠特別喜歡刺激某個特定區域。用「特別喜歡」一詞來形容老鼠的行為，實在算是輕描淡寫，事實上，牠們會每小時用電極刺激那個區域好幾千次，根本就是不吃不喝，就連對魅力十足的雌鼠也視而不見，唯一重要的只有每秒都啟動電極。這個電極刺激行為最後有個悲慘的結局——老鼠會完全漠視周遭的一切，一直刺激自己，直到斷氣為止。正如我們今天所知的，牠們至少是快樂地死去，因為牠們刺激的是「快樂中樞」。

如果你覺得「快樂中樞」聽起來太普通，那你可以愛現一下，改用「中腦邊緣多巴胺系統」（mesolimbischen dopaminergen System）這個字眼。（我個人是沒什麼興趣愛現啦，所以還是用「快樂中樞」，希望你不會反對。）在人類身上，它位於邊緣系統中間（meso）。之前在迷思二那章我已經說過，這是一個相當混亂的區域，沒有人清楚到底哪些部分屬於這個區域。總之，這裡大致包含了之前提過的海馬迴，以及和情緒有關的杏仁核；除此之外，還有一團糾結不清、至今沒有人完全了解的神經束。邊緣系統掌管低等的本能，處理情緒、記憶，還有細微的感官知覺。換句話說，是快樂中樞最理想的所在地。

快樂中樞的老大是伏隔核。由於此處的神經細胞在溝通時，幾乎只會釋出多巴胺來傳遞訊息，所以多巴胺似乎成了「所有毒品之母」。伏隔核一旦啟動，就會衝到底，最後達到我們稱作「興奮」或 high 的狀態。

威力這麼強大的感覺中樞當然得受到控制，所以釋出多巴胺的神經細胞無時無刻不受到其他神經細胞抑制。因此這個快樂中樞雖然一直準備好要衝鋒，但是還是被擋住。不過，萬一不再有誰來抑制釋出多巴胺的神經細胞，多巴胺就會釋放出來，讓人進入極度興奮的狀態。

想當然爾，幾乎所有毒品都是針對伏隔核中的多巴胺系統而來的：尼古丁直接刺激神經細胞，促使其釋放出更多的多巴胺。古柯鹼阻止細胞釋放出來的多巴胺被運走，讓多巴胺有更長的作用時間。安非他命則讓釋放多巴胺的神經細胞長時間不受抑制，並且打開快樂系統的「保險裝置」。

類鴉片藥物和腦內啡同樣會影響這類神經細胞的保險裝置，關掉抑制的機制。能釋放多巴胺的神經細胞少了抑制機制，會持續處於活躍狀態，腦覺得太棒了，因為這樣一來會讓我們很快樂。所以沒錯，腦內啡會讓我們很 high，但不是直接，而是間接造成的。真正的「神經傳導物質之王」是多巴胺。腦內啡只是很聽話的執行助手，幫助腦取得帶來狂喜的多巴胺。

跑！神經細胞，快跑！

你有沒有聽過一個特別流傳在運動員之間的迷思：跑者的愉悅感（Runner's High）？這指的是長跑者在經過一個費力的階段之後，會進入輕鬆愉快的狀態，不再感覺到痛苦，而且會感到無比興奮。據說那是腦內啡的作用，讓人想一直不斷跑下去。真的是這樣嗎？

要讓人感到快樂，僅僅在血液中釋放些許腦內啡是沒用的，因為亢奮感是在腦子裡產生的。長久以來，一直有人懷疑，腦內啡是否真的會引起運動快感，因為人們很難測量在活動過程中腦子究竟什麼時候、在什麼地方釋放出腦內啡。不過，幾年前終於有人首度證明，人體活動的時候，腦中的腦內啡系統確實啟動了。在從容慢跑兩個小時之後，腦子裡的類鴉片受體被佔據，於是激發出愉悅的感覺[77]。在慢跑過程中和結束之後，如果這類受體被佔據愈多，興奮感就會愈強烈。所以跑者愉悅感確實測量得到。而且只靠腦子裡受體活化的程度就可以預測此人的愉悅感。

當今的腦研究認為，腦內啡系統對於一個人能否持續運動很重要。因為跑步本身其實是相當愚蠢的行為：它對關節來說很吃力，會造成肌肉痠痛，很費力氣，而且腳掌還會起水泡，談不上什麼樂趣。然而在演化上，為了獲取食物，走路對人類來說非常重要。如果沒有獎勵機制一方面減輕痛苦，另一方面讓人保持好心情，沒有人會願意為了採集幾顆漿果，而走上幾個小時的路。因此跑者愉悅感很可能是演化的殘餘影響，為的就是要激勵我們走到不能走。

快速學習

快樂中樞究竟能帶給我們什麼呢？如果身體本身就可以讓自己興奮，當然是一件很棒的事。可是我們具備快樂中樞，絕不是為了要可以經常產生毒品來自 high。所以說，問個天真的問題：快樂的意義是什麼？

我不是哲學家，所以我把道德層面的答案留給其他專家。但是快樂如此直接卻稍縱即逝，確實有其神經生物學上的意義，那就是為了學習。學習，是快樂在生物學上的意義。

誰會想得到？

學習新事物原則上有兩種方式：你可以不斷重複練習，直到新資訊以活化模式存進神經網絡中（見迷思十「我們都有專屬的學習類型」）。但是在一些特別的時刻，還有一種可以透過快樂中樞加快學習速度的方式。因為正向的情緒不僅可以幫助我們記憶，還能激勵我們重複這些愉快的事，從這個角度來看，快樂的感覺可以加速學習。只要有意外的驚喜，我們的快樂中樞就會啟動：譬如早餐有個特別好吃的果醬麵包、科隆隊打敗拜仁慕尼黑隊⑧、剛出刊的漫畫雜誌——這些意外的驚喜讓人高興，因此激勵人心。我們的腦子無時無刻不在比較：這符合我原本的期待嗎？如果是，那就很無聊；如果不是（而且還是驚喜），那就太棒了，繼續做！而且為了不忘記這個能帶來驚喜的行為，讓人愉快的多巴胺會被釋放出來，刺激我們重複這個行為。在某種程度上，這就是快速學習的過程。

也就是說，所有新奇、意外驚喜事件的發生，會透過伏隔核內多巴胺的作用而強化。驚喜最能激勵學習，而且我們總是對新的資訊有興趣。人們會對未知的資訊抱持好奇，最初的源頭就是為了尋找下一個能刺激多巴胺的東西。因為對腦子來說，不斷尋找新的資訊、感官刺激、經驗或運動是非常重要的事。腦子要能夠不斷工作，才能調整新的神經網絡，而這對建構出有效率的神經系統非常重要（我們在前一些章節已經討論過了）。

真正的學習會讓腦子很興奮，可惜上數學課通常不是這麼一回事，倒是那些雜誌上的新八卦，或是廣為流傳的腦迷思讓人樂此不疲。你會相信那些腦神經迷思，也是因為快樂中樞的關係。你的腦子自己騙自己，因為驚喜總是得到報酬，不管內容是不是胡說八道。

快樂是怎麼形成的？

腦內啡讓人high，是的，這句話完全正確。但事情沒有那麼簡單，因為它們既不是「快樂荷爾蒙」，也不是靠自己發揮作用，而是協助快樂中樞裡的神經細胞釋放多巴胺，藉此產生影響。

而且，還有一件很重要的事：神經傳導物質無法自己決定要讓細胞（或其他什麼地方）產生什麼反應。是的，多巴胺帶給我們興奮感，可是只有當它和腦中特定區域中特定神經細胞的受體結合，才會發生作用。在其他區域，多巴胺則是用來調節動作或提升我們的注意力。也就是說，多巴胺最終發揮什麼作用，永遠由受體決定。

腦內啡也是如此。當它們和快樂中樞的受體結合，我們會很高興。可是腦內啡也會和

⑧在德國的足球運動界，科隆隊是個鳥隊，而拜仁慕尼黑隊是王者球隊，前者贏後者，必定出乎所有人意料之外。

其他功能相反的受體結合，那些受體會讓我們心情不好（專業用詞是Dysphorie，指的是情緒低落與不安）[78]。也就是說，腦內啡也會讓人不快樂。忘了「快樂神經傳導物質」吧，這個概念在生物化學上不具任何意義。事實上，也沒有所謂「促使活化」或「具抑制效果」的神經傳導物質。神經傳導物質就是神經傳導物質，僅此而已！正如前面所說，它的作用完全取決於受體。

這就像，讀著本書的你是這些文字的受體，文字原本也只是白紙上的黑色線條，沒什麼意義。只有你讀了、而且了解之後，文字才會產生作用。每個讀者讀到的都不一樣，就像腦子裡也存在著許許多多受體，因此每個人對這本書的感受都不一樣。也許你會喜歡作者想要啟蒙無知的拚命行徑（如果是這樣，我會很高興），或者這些內容你完全無法理解（趕快繼續看下去，下一章一定會把缺失彌補過來！）——但是這些都不在我的控制範圍內。腦內啡或多巴胺分子也是這樣，它們不能控制接受的細胞會怎麼反應：快樂、悲傷、舉手，誰曉得？只有受體能決定。

結論是，腦內啡的確會讓人快樂，但是絕不是單獨作用，需要有伏隔核裡面多巴胺系統的協助。而且先決條件是有新鮮的事物讓你驚喜。我希望這一章也有這樣的效果，讓你能愉快地急著進入下一章。

| 迷思 |

13

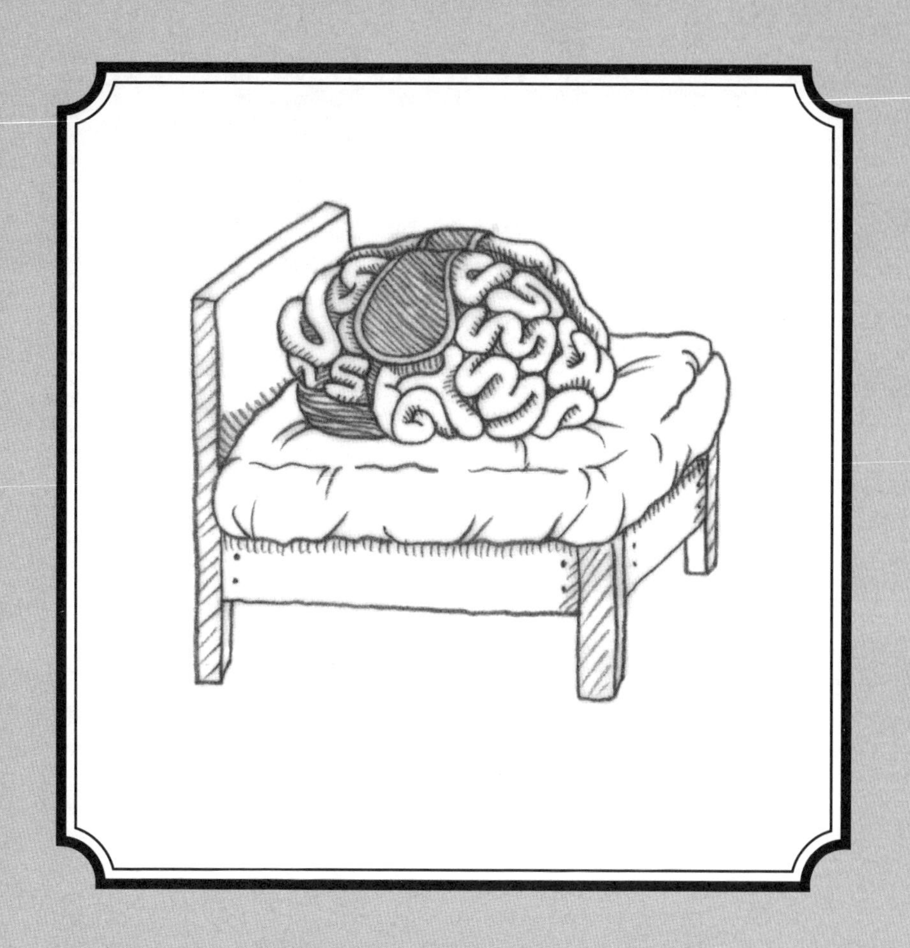

睡眠是大腦的休息時間

現在已經是深夜十一點半，我還在趕這份稿子。我的編輯在催稿，這本書一定要完成。所以我繼續趕稿，終於來到這個與睡眠有關的迷思，這迷思很特別，是一個非常吸引人的主題——可是我還是感覺到睡意漸漸佔據我的腦子。腦好像真的需要休息、恢復元氣，然後才能充滿活力，重新開始。

疲倦的感覺通常就像腦袋被榨乾，腦子似乎已經工作了太久、耗盡了能量，必須休息一下，才能把能量補充回去。事實真的是這樣嗎？累了一整天，腦真的在睡眠中休息嗎？我們究竟為什麼需要睡眠？還有，我們做夢的時候，腦子裡究竟會發生什麼事？夢真的是潛意識的告白嗎？

第三隻眼讓我們疲倦

我們就先從最流行的誤解開始吧！不，腦不會因為白天太操勞，實在無以為繼，所以昏昏沉沉地睡著。睡眠，更確切地說，是一個規律的過程，不是因為腦子當機了（雖然有時候你有這樣的感覺）。腦子是在控制下「關機」的，或者更確切地說，是在控制下進入睡眠狀態。因為事實上你不可能關掉腦。

你一定聽過，我們有一個「內在時鐘」，負責控制和調節人體睡眠和清醒的週期。這說法不完全正確，其實我們有好幾個這樣的時鐘，它們會互相調控，並且設定我們個人的週期。你很容易可以想像，像腦這麼複雜的東西，要讓它睡覺，並不是在腦子某個中樞簡單關個燈就行了。好幾個腦區都和入睡有關，而且，腦幾乎每個地方都有一小撮的神經細胞受到晝夜節律的控制，它們會調節附近腦區是否進入睡眠狀態。就像值夜班的警衛，它們會通知其他神經細胞現在該睡了。但是腦子裡的神經細胞並不是自己想怎麼樣就怎麼樣，因此有一個中央時鐘，也就是位在間腦的「主控時鐘」。

或許你家也有一個計時精確的電波時鐘？為了保持電波時鐘的準確度，它會接收由原子鐘發射出來的電波，然後自動校正時間。我們神經系統的運作也是類似這樣，不管你要或不要，腦部的確有一個這樣的基地，名為「視交叉上核」（Nucleus superchiasmaticus），負責決定腦子裡其他時鐘的週期。可是，和物理學家比起來，我們神經生物學家不是那麼講究精確，原子鐘三百萬年才有一秒的誤差，生物機制則沒那麼嚴格，它只有天黑了，該上床了，天亮了，該起床了。這對生活而言已經足夠。

可是如果一個人瞎了，或是被熱中研究的生物學家關在暗無天日的研究實驗室裡，會發生什麼事？令人吃驚的是，我們的中央時鐘已經有它自己的時間規律——二十五小時，一個接近我們日常作息晝夜交替的週期。因為它並不吻合一天二十四小時（二十五小時比一天多一點點），所以我們在生物學上稱它為 circadianen Rhythmus（意思是「大約一天」，中文譯為「生理時鐘」或「晝夜節律」）。如前面說過的，我們生物學家沒有那麼計較，重要的是大方向對了就好。

為了讓內在時鐘不失控，我們的中央時鐘必須始終和晝夜的交替同步。為此，中央時鐘就直接位在視神經的交叉處。它可說是我們的「第三隻眼」，直接和特殊感光細胞接觸。這些細胞可以察覺到光線的變化，於是中央時鐘可以知道現在天亮還是天黑，然後根據外在的光亮程度來調節內部的週期。接著它會將這些資訊傳到腦部其他的區域，讓它們也可以調整自身的節律。

趕人樂團

中央主控時鐘負責調節我們每天晝夜活動的週期，但是「入睡」這件事，還有另一個腦部結構專門負責，它就是「網狀結構」（Netzwerkformation）。

你一定參加過那種有樂團伴奏的派對，樂團存在的目的是炒熱氣氛，而且還是從頭表演到尾，不曾間斷。優點是，讓來賓保持愉快的心情，因為音樂帶來了節奏。一旦樂團停止演奏，通常就是暗示派對結束了，換句話說，就是趕人的訊號。你可以想像網狀結構的作用也是類似這樣。這是一個相當混亂的過渡區域，就位於腦部通往脊髓之處（確切地說，就是在腦幹），那個地方的神經細胞會不斷送出脈衝電流進入大腦，就如同派對上的樂團，讓大腦一直保持清醒和注意力。

可是到了某個時候，給節奏的樂團收到了主控時鐘的指示，得知派對該結束了。於是它逐漸地減少了送到大腦的脈衝電流。當網狀結構造不再發送脈衝電流，大腦最後也會在某個時刻意識到歡樂時光該結束了。這當然不代表它會停止工作，只是我們會喪失注意力和意識。這聽起來很可怕，可是對腦子而言，還有比看午夜電視或凌晨寫科普文章更重要的事要做。那就是，最後的清理工作。

夜間洗腦

腦子在白天非常忙碌，必須不斷處理新的感官刺激和資訊，以至於沒辦法把新陳代謝的廢物運送走，所以夜間是大掃除的時間。此時，神經細胞之間的空隙擴大，好讓神經膠細胞（你還記得吧，它們是腦子裡的輔助細胞）能夠用腦脊液清洗神經組織。白天產生的廢物以這種方式被送走，否則會阻礙腦部的新陳代謝[79]。

回到派對的比喻。當大家的情緒到達最高點，音樂震天價響，大家扭腰擺臀、吃吃喝喝，總之每個人都玩得很樂。而你卻想現在開始打掃和清理，這是非常糟糕的主意！你掃了大家的興。最好還是等大家興致消退了，各自回家之後再來進行吧。雖然到時候，整體的破壞程度也會更明顯，但好處是你清理時可以不受干擾。

同樣的，腦也需要從接踵而來的感官刺激中安靜下來，才能好好的清理並保養自己。腦是一個非常愛乾淨的器官，這似乎也是我們會在夜間失去意識的原因之一，因為這樣代謝生成的產物就不會繼續累積——腦獲得了片刻暫停。這麼說，睡覺時腦子真的在休息嗎？

腦子也需要空閒時間

睡眠其實是一件相當愚蠢的事：人躺在那裡，或多或少不受保護，很容易就成了敵人的獵物。我們一生大約有三分之一的時間是在關掉意識、昏昏沉沉中浪費掉的。好吧，有些人就算沒睡覺也始終是這個樣子……。

如果不浪費在睡眠上，時間可以拿來做更有意義的事：覓食、追求財富、妝點外貌，或者至少傳宗接代，這些事都有演化上的意義。乍看之下，睡眠似乎是個天大的錯誤。然而，睡眠之所以存在，除了剛剛我們看到的打掃清潔以外，應該有更多理由才對。腦子確實會利用睡眠處理很多不同的事，就像很多人辛苦工作了一個星期之後，週末時不只會洗車和修剪樹籬，還會看體育節目、逛ＤＩＹ居家修繕工具賣場——人在不必上班的時候，才有時間做真正重要的事！

一個典型的週末會分階段（星期六活動多，星期天放鬆），人的睡眠也是如此，會分不同的階段。睡眠階段一共分成四個不同的深度：第一階段是淺眠階段，很容易被叫醒。而第四階段是熟睡階段。為了更簡單，我們把睡眠分成ＲＥＭ睡眠（第一階段）和非ＲＥＭ睡眠（第二到第四階段）。

ＲＥＭ代表快速動眼（rapid eye movement），因為在這個階段，我們的眼球每秒鐘來回轉動一到四次。除此之外，其他身體部分都不會動，因為我們在ＲＥＭ階段是癱瘓的，肌肉完全鬆弛無力。ＲＥＭ睡眠在德文也稱作 Traumschlaf（夢睡眠），因為夢境在這個睡眠階段特別生動。我們不只在ＲＥＭ階段會做夢，在別的睡眠階段也會做夢，只是那些時候對夢的記憶比較抽象，不是這麼充滿感情。

我們睡著之後，會先沉沉地進入第四階段，停留半小時之後，再回到第一階段（也就是ＲＥＭ睡眠階段），然後又再次進入。這樣的循環我們每晚會重複四到五次。腦子完全遵照「先工作，後享樂」的座右銘劃分這些循環：首先必須完成生存所需的，也就是熟睡。最後睡眠愈來愈淺，夢睡眠的比例逐步增加。如此一來，就可以確保我們得到了夠多最重要的睡眠（也就是前面三個熟睡循環），這可是攸關生死。畢竟，在生理機制層面，我們需要的睡眠時間不過是四個小時。多麼有效率呀，熬夜一晚，身體只要沉沉進入熟睡階段，有效率地睡個覺，馬上就可以補回來了。不過很可惜，反過來可行不通：先睡一覺來為熬夜預先做準備，沒有什麼幫助。因為我們的腦子無法累積睡眠。

此外，腦子在所有的睡眠階段都不會真的關機休息。神經細胞無時無刻不在工作，還會彼此協調出一致的步調——不過，神經細胞的步調會根據睡眠深淺而不同。這些都可以用腦波圖顯示的腦電波來得知。在ＲＥＭ睡眠階段，腦波和清醒時幾乎沒有差別。如果我們的眼睛沒閉上，你大概不會發現有什麼太大的差別（因此也有人稱ＲＥＭ睡眠為「異相睡眠」〔paradoxen Schlaf〕）。相反的，神經細胞在熟睡階段同步而成的波長較長，也可以說是更慢的腦節奏。但是請注意，這並不是說它們比較不活躍，正好相反，在熟睡時進行的才是真正要緊的事。

睡眠中的學習

在睡眠中，大腦經歷了不同的階段，但這是為了什麼目的？現今的理論認為，深淺睡眠階段的變化交替對睡眠的功能很重要。顯然，睡眠是人們形成記憶的一個關鍵。沒有充足的睡眠，我們很難永久儲存新資訊[80]。當然你不可能不斷地接收新資訊——到了某個時間點，你還是必須讓資訊超載的狀態結束，然後篩選資訊中的資料。就像在辦公室裡忙碌的一天：不斷有電話、電子郵件、新聞湧入，還有來自遠方的美麗明信片，如果你一直團團轉，就會根本沒時間整理這些資訊。同樣的，大腦也需要「零刺激」的時候，以便篩選資訊，然後將重要的儲存下來。

此外，還有一個廣為流傳的迷思是這麼說的：我們在睡眠中會把白天經歷過的事重演一遍，用這樣的方式來加強記憶。夢可能就是這麼來的：把當天留下的印象和舊的記憶混合在一起，換句話說，就是在夢中形成記憶。事實上，ＲＥＭ睡眠對記憶的形成並不是那麼重要，熟睡和其他階段的變化交替才是關鍵。由於腦子把睡眠分成不同的階段，才能夠在不同的階段活化特定的區域，以便儲存記憶的內容。

不過，在熟睡階段時，海馬迴特別活躍。它把白天所有發生過的事件再掏出來呈現給大腦看。內容相當多，多到大腦即使在睡眠中也還得休息一下，切換到REM睡眠，這樣才能抑制海馬迴，並且活化自己的網絡，讓它有機會適應新資訊。過了一段時間之後，大腦就會準備好接收下一輪的新資訊，再度進入熟睡，讓海馬迴再次呈現新的記憶內容。所以說，即使在睡眠中，腦也絕不會休息。

夢的力量

你昨夜做了什麼夢？如果你說：「我一直夢到量子力學終於證明了超弦理論是真的。不過從來不是在夜裡夢到的。」那你就錯了，你每晚都會做夢。如果你夢見在開滿花的草地上和北極熊跳舞，而且記得最色彩繽紛的細節，那你也是在欺騙自己。因為你認為的夢境始終只是你清醒意識的記憶。基本上，你絕不會從夢中醒來，而是在做完夢之後，然後你的意識會試圖重新建構出一個逐漸消失的夢的記憶。然而，你永遠無法確定，夢境是否確實如此，或者只是你自己事後想像拼湊出來的。

特別生動、充滿感情的夢是發生在ＲＥＭ睡眠階段。專家猜測，這時我們會特別處理和儲存情感和動作。這也可能是我們在這個睡眠階段會肌肉無力癱躺在床上的原因——因為如果你在睡夢中暴怒，因而身體氣得跳起來，後果可能不堪設想。順帶一提，夢遊的人很少做夢。他會在少夢的熟睡階段四處漫遊，而且往往不是穩穩當當地行走，而是步履蹣跚、戰戰兢兢的。如果這時候醒過來，通常他會有點分不清東南西北，想要再回到床上睡覺——雖然說有些人就算不是夢遊，也始終是這種狀態。

此外，夢也不代表我們那些最隱密的欲望，那些潛意識在夜裡掙脫束縛，想對我們說話。相反的，是那些和白天時事有關的記憶和經驗，在夢中被隨機叫出來。而且，海馬迴在熟睡時活化了腦部神經網絡之後，接下來的ＲＥＭ睡眠階段也會同時啟動已知的活化模式（也就是舊的思維），並且編織到夢中。這也就是為什麼我們的夢不只是拿白天剛發生的事做文章，還會把過去發生的類似事件也加進來。

於是，大範圍的區域就這樣被活化了，此時腦能發揮一個很棒的功能，那就是，把混亂的資訊形成穩固的記憶。它使用的原則很簡單：那些經常喚起的記憶似乎很重要，於是就會形成神經網絡活化模式，一次比一次有效率地被儲存起來。所以解釋夢境根本多此一舉，腦子會主動自己完成。

很多人相信，在夢裡時間過得比實際快。事實上，我們做一場夢頂多三十分鐘，如果我們在睡眠實驗室中，在一段時間後，把睡夢中的受試者喚醒，他們通常都能正確估計自己做夢的時間。所以夢中的我們通常是實時的。這時我們可以完全將真實的外在刺激結合到夢中。如果在做夢的時候被灑了水，我們很可能會夢見下雨天。

此外，夢的意義和功能至今仍有爭議。在夜裡，夢境似乎會變化：剛開始以事實為依據，重點放在白天剛發生的事。最後會愈來愈充滿情緒，而且涉及更久以前的記憶。這種夜裡的情感處理很重要，我們都有過這樣的經驗：一覺醒來之後，我們對事情的看法改變了，往往變得正面許多。這很可能是因為，我們在夢中處理了負面的情緒，而且把它們清理掉了。這也是為什麼恐怖片都是很晚才播，因為早上醒來我們已經把糟糕的情緒處理好了，不會再覺得害怕[81]。如此一來，我們也才不會被鏡子裡睡眠不足的自己嚇死。所以說，睡眠也有自我保護的功能。

繼續做夢吧！

做夢並不是腦功能失控當機，它受到調節與控制，並且具有許多重要的生理功能。腦從來不會關機，它似乎是在睡眠過程中，利用零刺激的時間進行清理和篩選資訊。就這點而言，我們確實可以說，腦在睡眠時休息一下、喘口氣——不過，像腦這麼努力不懈的器官，在休息時自然也是繼續工作的。

平心而論，我還是得承認：腦科學家即使用了昂貴的儀器設備，最終還是無法弄清楚睡眠時，人的意識究竟發生了什麼事。比方說，我們還是不清楚，人體如何調節睡眠和清醒兩者間的意識狀態。有些人在做夢時甚至知道自己在做夢。真不錯，這樣你就可以在夢裡嘗試任何你在現實生活中不敢做的事。然而這些清醒夢（Luzidträume）是如何產生的，它們又透露了哪些關於「意識是什麼」的訊息，我們都還不清楚。因此，我們期望能透過研究睡眠來揭開腦最大的祕密：人如何產生意識。

睡眠的記憶形成理論（非REM睡眠與REM睡眠之間的交互作用）目前正受到科學界的討論與深入研究。就像腦會在睡眠中自我清理的現象一樣，這件事也是科學家不久前才發現的。

REM睡眠階段的情緒處理理論也還有許多爭議，因為有時候，還是可能發生夢境加劇了令人震驚或創傷性記憶的情況[82]。因此睡眠仍舊是一個謎——但是希望從現在起減少了一些半真半假的說法。不過，科學已經證明了有件事是真的：睡眠對生存和健康來說不可或缺。所以我現在就上床去睡了，不管我的編輯說什麼。睡飽精神好，明天再繼續下一章。晚安。

｜迷思｜

14

補腦食品愈吃愈聰明

我唸大學時，經常聽到我媽說：「兒子，帶大學生飼料⑨去吃吧，它對你的腦子很有幫助！裡面有很多重要的脂肪酸和礦物質，會讓你的腦子更靈光！」所以考試前的幾個星期，我就拚命吃一堆綜合堅果，希望自己變聰明。我真的變聰明了，而且聰明到必須跟我媽解釋，大學生飼料不可能有用。真不巧，誰叫我就這麼剛好唸了生物化學。

飲食好像是一件很簡單的事，如果餓了渴了，吃飽喝足就好。但是對現代人來說，這樣當然是太缺乏豪華美食知識了。飲食攝取已經成為一門科學。因為人人想要吃得「正確」，所以各種目的都有其適當的食物，而且選擇五花八門：運動食品、嬰兒食品、素食食品、老人食品、給單身人士的微波爐食品，當然也有補腦食品。很合理啊，誰不想吃一條正確的堅果麥片棒就活化神經細胞？

「補腦食品」是個流行的字眼，商人只要在食物加上這個名詞，就可以把它當作腦的最佳燃料來販賣。每樣東西都能影響我們的腦子：巧克力讓人心情好、堅果和藍莓讓人聰明、含有Omega-3脂肪酸的人造奶油能潤滑我們的腦子、糖讓人有動力。但是不幸的，人們對於腦和營養一知半解，也十分無知。我不能再坐視不管了，所以現在該來說明一下腦是如何獲取養分的。腦子有很多各式各樣的詭計來讓自己獲得最好的食物，而且它永遠不會耗盡燃料。

變聰明的基石

問一個天真的問題：我們可以像大腦食品產業告訴我們的那樣，靠吃東西變聰明嗎？在我們前面討論了這麼多之後，這答案可能讓人大吃一驚：當然可以。事實上，要是沒有適當的食物，我們人類就不會像今天這麼聰明了。

一切從一百萬年前左右就開始了，那時我們祖先還無法從 iPad 讀到最新食譜，而是必須為了生存，靠著戰鬥取得真正重要的食物：水果和蔬菜，也許還有一點點肉（其實很難咀嚼和消化）。一個技術上的重大進步（或許可說是最重要的進步，它讓不太聰明的早期人類發展成今日的聰明怪物），就是學會用火。突然間，以前很難消化的生肉變好吃了，而且還可以煎一條美味可口的魚。也許，這不只是讓食物變好吃而已，更是開發出了全新的食物來源：高品質的脂肪和蛋白質。

除了水（佔其中八〇％），我們的腦其實只有上述這兩種組成物質。原因我們已經知道：脂肪和蛋白質構成一層包覆在神經纖維外、厚厚的絕緣體，是神經脈衝傳導的關鍵。人必須收集到夠多構成絕緣體的材料，才能進一步擴充神經細胞網絡。有趣的是，我們如

---

⑨在德國，大學生飼料（Studentenfutter）是一種有葡萄乾、堅果混合的零食。

果觀察大約三萬個世代之前的祖先頭顱，可以看出，現代人齒列變小的同時，頭顱卻變大了。想當然爾，烤過的肉很容易在嘴裡咬碎，然後提供了足夠的原料給上面複雜的腦，構成可觀的神經纖維絕緣體。相較於其他動物，人類可以說將這件事推到了極致，無論是猴子或海豚都沒有這麼多隔絕開來的神經纖維，這也是我們智力高的重要原因。

即使在今日，神經纖維形成絕緣體的階段也極為重要。營養不良的嬰兒，最初幾年缺乏的蛋白質和脂肪永遠補不回來，日後會長久少了點聰明才智。這個建構絕緣體的過程會持續好幾年，一直到青春期結束才完成。所以如果看到年輕人湧進漢堡店吃一堆垃圾食物，不要太擔心，多多少少還是會有些蛋白質和脂肪留在腦子裡。不過，吃健康的飲食當然是更好了。

所以請記住，只吃五穀雜糧和水果，人類很可能不會變得這麼聰明。所以吃素的人請注意了，你們之所以這麼聰明，是因為你們的祖先吃了很多魚和肉。

腦袋裡的吸血鬼

腦子的營養攝取是一件很重要的事。因為沒有其他器官像它的構造這麼精密，所以腦需要正確的建構材料。而且自始至終都是如此！在現實生活中，獲取食物的方式五花八門。

你習慣一個星期跑一、兩趟超市，買好整個星期所需的食物嗎？這樣做不錯，可以不用天天買菜，而且冰箱裡的食物通常夠你吃。可是腦不這樣做。你最好想像它是一個讀工科的男大生的冰箱：裡面空空如也，沒有儲存任何食物，通常是直接買來就吃掉了。腦大概就是像這樣，拿來就吃。它立即且直接從血液中攝取自己所需的營養。

這樣有個莫大的好處——不需要有儲存空間。不過另一方面，這也代表它非常依賴運作順暢的物流，所有必要的養分必須及時得到，並且供應充足。因此人體的營養供給有個很明確的原則：不管發生什麼事，腦永遠是第一順位。之前提過的輔助細胞（星狀膠細胞），它們的工作就是負責提供營養給神經細胞。星狀膠細胞具有特殊的運輸分子，它們在其他器官察覺到之前，就已經搶先從血液中擷取了重要的營養素（不只是糖，還有胺基酸）。就像換季大拍賣時衝第一的那些人，總是可以率先搶下最好的。腦就是以這種方式保住適當的營養素。

這個原則非常重要，因為它可以保護腦不致缺乏營養。某種程度上，腦可以說是「器官界的吸血鬼」，在讓自己餓肚子之前，吸走所有其他身體部位的養分。如果不是這樣，早期人類也許會在食物極度短缺時，還保留著身上的肌肉。可是如果腦因為營養不足無法運作，炫耀身上的六塊肌又有什麼用呢？沒什麼用嘛！不過，如果隨便去一家健身中心看看，你心裡可能會問，某些人身上的能量是不是先被肌肉拿去用掉了……

這個營養攝取原則也告訴我們，人如果飲食均衡，腦幾乎不可能營養不良。因為它會攫取自己需要的所有營養，而且是搶在其他器官之前。所以基本上，我們不需要任何補腦食品來讓腦子升級，因為營養不良的腦在成人身上幾乎不存在。

保鑣細胞

就算不用擔心腦子營養不足，那麼多吃些健康食品也許可以促進腦功能？關於這一點我們也必須知道，不是吃下肚的所有營養都進得了腦子。在血腦障壁的保護下，腦就像一個戒備嚴密的高度安全區域。血腦障壁同樣由星狀膠細胞構成，它們會在血管周圍形成一道保護屏障，決定誰可以進入腦部，誰不可以。就像高級夜店的保鑣，它們只允許某些分子通過；而且這裡就像現實人生：不重要和有攻擊性的不受歡迎——因此糖類和胺基酸在允許進入神經組織之前，必須接受仔細的檢查。那些油滑的脂肪卻很容易就滑過（同樣也是油性的）保護層。這也是為什麼所有毒品分子都是脂溶性的原因，只要三十秒，整個腦就滿是毒品分子了。

血腦障壁的影響力常常遭人低估，而它的存在，能解釋為何許多關於腦的營養迷思不可能是真的。吃巧克力會讓人心情變好，因為據說含有血清素（一種快樂神經傳導物質）？沒這回事，不管是血清素或是其他血清素前體，都不是隨隨便便就能進入腦部。據說吃中國菜會引發頭痛，因為用了味精調味（在科學文獻裡稱為中國餐館症候群〔China-restaurant Syndrom〕）？錯！尤其是麩胺酸（Glutamat，俗稱的味精），這種重要的神經傳導物質受到血腦障壁的嚴格控管。吃太多肉會讓人疲倦（在美國也有火雞有助睡眠的說法），因為含有色胺酸（Tryptophan）？這一樣是胡扯——人只要吃飽都會覺得想睡，不管吃了什麼。

除此之外，就算有作用的營養物質真的進到腦中，它也必須先抵達能產生作用的地方。這就是所謂的藥物動力學（Pharmakokinetiks）——聽起來好像很複雜，其實指的就是，在正確的時間來到正確的地點，決定了此物質所能發揮的效果。舉牙膏為例，你要拿來刷牙才有用，塗在腳上當護足霜就不太適合。如果你吃了含有很多「有機活性花青素」的藍莓（據說有益腦子），花青素首先也必須到達能發生作用的地方——神經細胞。這可不容易啊！

所以請記住，拚命補充身體營養，並不能保證腦子也能吸收。腦會主動攝取自己需要的（必要時從別處搶來）；同時，它也會嚴格管控進入的物質。因此，想刻意吃高級的補腦食品來促進腦部代謝，是很困難的，因為腦通常已經營養充足了。

別愈吃愈笨！

當然，腦很仰賴重要的營養成分，對不當食物的反應也很敏感。它需要不飽和脂肪酸來建構神經細胞膜，以及神經纖維周圍的絕緣層。有一些胺基酸（譬如色胺酸和苯丙胺酸〔Phenylalanin〕）是身體無法自行製造的，必須從外面補給，因此蛋白質非常重要。水中的礦物質和少數的維生素也不可或缺，它們讓腦子能正常運作。必要時身體可以自己生成醣類（只要蛋白質供應充足）。

然而，如果想基於「既然胺基酸對神經傳導物質的形成很重要，那我就多多益善！」的理由，拚命吃重要的營養素補腦，其實沒有什麼意義。有些人吃香蕉，是因為香蕉含有很多色胺酸，可以強化腦功能。當然，色胺酸是血清素（一種在情緒處理和感官知覺上很重要的神經傳導物質）的前體。但你吃了一大堆色胺酸之後會怎麼樣？心情大好或是看到彩色繽紛的影像？都不會。因為腦子不會允許太多色胺酸進入。

所以你想提供腦子多少補腦食品都可以，但它只會挑選出當前最需要的。它是根據食譜來作飯，不是看別人供應了哪些食材。因為對腦而言，它必須保持穩定良好的運作，不受食物供給波動的影響。

腦神經的食物

腦嚴格管控自己所吸收的營養，保護自己避免受外界影響，這是事實，但是不表示沒有任何物質能夠影響腦子的表現，藥物和刺激精神的物質如咖啡因，就足以證明。因此神經學家正如火如荼地研究各種可能影響腦功能的營養物質。不過，這是很困難的事，因為特別是飲食，產生影響的因素十分多元。一壺銀杏茶當中，有幾百種不同的物質可能以不同的方式起作用。也許不同物質的相互作用對腦會產生正面影響（這點人們正在特別研究當中）？因此在有關「腦與營養」的科學文獻中存有許多猜測，並且往往建議更進一步的研究。不過目前大家倒是很相信，有兩類物質對腦有正面的作用。

第一類是享有盛名的 Omega-3 脂肪酸。它是公認的「大腦潤滑劑」，可以保持細胞膜的柔軟和彈性。除此之外，這類脂肪分子很容易就能通過血腦障壁進入腦部。服用高劑量魚油（富含 Omega-3 脂肪酸）超過六個月，似乎真的可以改善神經細胞的網絡連結[83]，可是至今還沒有人可以證明吃了就會變聰明。有愈來愈多跡象顯示，Omega-3 脂肪酸不僅可以減緩腦部老化[84]，還能促進海馬迴神經細胞的生長[85]。不過，能夠有這樣的效果，到底是因為魚油產生影響的地方僅止於細胞膜，還是它同時也促進了生長因子的釋放，仍然非常有爭議。

另一類被視為可以促進腦功能的營養素是多酚類（Polyphenole），包括在可可中發現的類黃酮（Flavonoide）、藍莓中的花青素（Anthocyane）、咖哩中的薑黃素（Curcumin）或銀杏葉中的槲皮素（Quercetin），以及紅酒中的白藜蘆醇（Resveratrol）等。多酚類如何產生作用，或是否有作用，也同樣沒有人清楚。有人認為，它們能夠促進腦部血液循環，或刺激生長因子的形成。

腦科學家正在研究所有這些物質的作用，特別是巧克力，大概也是因為受試者容易找。為什麼巧克力會讓我們心情好？不可能是因為巧克力成分含有血清素，然而類黃酮確實可能是原因。讓受試者喝一個月類黃酮含量特別豐富的巧克力飲料後，他們比那些喝不含類黃酮巧克力飲料的控制組顯得更為沉著平穩。可是他們的智力並沒有增加[86]。不過，如果你想攝取跟該實驗等量的類黃酮，每天必須吃下三公斤左右的牛奶巧克力。一個月之後你是不是還覺得心情很好，磅秤會讓你知道。

目前科學家特別熱中研究多酚類對腦的影響。問題是，我們經常利用動物模式來做研究——一隻餵了藍莓花青素的老鼠能用更短的時間跑出迷宮，究竟能告訴我們什麼[87]？意思是我可以把買衛星導航的錢省下來，去買一大堆藍莓吃？腦研究不久後一定也會找到出路。

同樣的，很受歡迎的銀杏萃取物價值顯然也被高估了。銀杏似乎無法減緩失智症的惡化[88]，也不能讓健康的受試者在智力表現上有所提升[89]。至於吃銀杏丸到底有沒有意義，我還是讓你自己回答。在還沒有確實了解它的效用之前，仍待進一步的研究。

請慢用！

總而言之，食品不是藥。喜歡的話，你可以吃高劑量的魚油和喝銀杏茶，但是你不會因此自動變聰明。

目前大部分的研究顯示（儘管它們經常互相矛盾），魚油和多酚類會輕微減緩老化過程。還不賴，但是這些補腦食品不會讓我們吃了變天才。

所以如果有人要賣你補腦食品，你最好小心。食物中的常見成分能否吸收，受到腦子的嚴格管控，你不太能影響。特別荒謬的還有那些香料所含健康成分的標示，含量通常是少之又少，你恐怕要吃上好幾公斤的咖哩或龍蒿（Estragon）才會有作用（而且那些東西還得過得了血腦障壁才行）。所以你可以放心，只要你飲食均衡，腦會自動取用最好的養分，並始終保持充裕的狀態。什麼是真正的補腦食品、什麼不是，完全由你的腦子來決定。

迷思 15

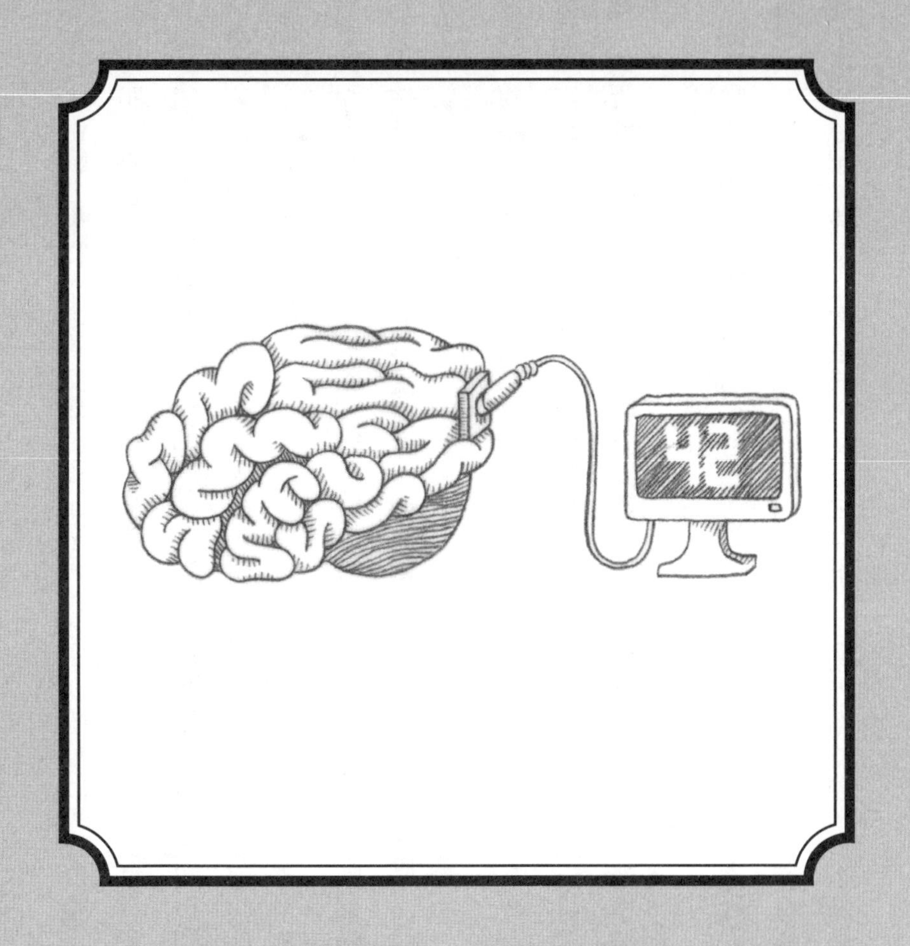

腦就像完美的電腦

人腦是一大奇蹟、生物學上的傑作、資訊系統發展至今的極致，可以說是演化的最佳範例，我這麼說一點也不為過。人腦只比一顆成熟的芒果大一點點，但是有了它，我們才得以達到模控學⑩當中最複雜、最輝煌的成就。譬如，沒有任何機器人可以安然無恙地一邊笑、一邊吃著棉花糖穿過十月啤酒節的人潮，而且它們不會覺得這樣很好玩。因為情緒是人腦所獨有，無法用電腦模擬。

我們常聽說，腦是一部完美電腦、完美的思考器官，比任何超級電腦都強大，因為電腦無能為力的領域，正是人腦的長處所在，例如畫圖、寫詩，還會覺得小賈斯汀（Justin Bieber）的歌好聽——只有人腦會有這些想法和情緒。

但是腦子的體積這麼小，何以擁有這麼不可思議的強大運算能力？至今，人類仍無法成功在電腦上複製人腦的運作過程（連相似都做不到），而且為了達成這目標所打造出的超級電腦，還大到佔據一整個樓層。腦就像是一部效能極高的電腦，思考事情當然是飛快又神準。

將人腦比喻成電腦，可說是目前最普遍，也最吸引人的說法。因為電腦就像人腦一樣會處理資訊（而且電腦的運作方式，對一般人而言，就像腦科學研究一樣複雜）。電腦會儲存數據，重新分類，或是交換數據，而且過程中很容易受到監控——不過最後這點和人腦完全相反（我在迷思一已經說明過為什麼）。顯然，電腦和人腦似乎仍有差異。可是為什麼人腦的能力會比超級電腦更強？人腦究竟是如何「運算」的呢？

像電腦的人腦

如果你拿人腦和電腦做比較，你馬上會注意到，人腦絕對不是平常人們認為的那樣完美、有效率。相反的，和電腦的運算能力相比，人腦根本就是廢物。在運算速度上，就已經差了一截，現代手機每秒已經能計算超過十億次，腦神經細胞頂多一秒產生五百次新的神經脈衝，因此速度可說是慢了兩百萬倍。

而且，神經細胞還常常出錯，因為生化過程向來沒有物理過程那麼精確。突觸的維持、神經傳導物質的釋出，以及細胞的生物化學機能——這一切都很容易出錯，而且（和精確的數學相比之下）也不精確。粗略估計，一個神經細胞犯錯的機率是一個電腦晶片的十億倍。所以人腦一點也不完美。

腦子經常犯錯，神經細胞運算緩慢且不精確——儘管如此，卻還能發揮作用，幾乎算

⑩模控學（cybernetics）是一種研究通訊與控制的跨領域科學，尤其熱中研究動物體內的控制和聯絡系統，及機械控制和自動化生產控制系統，兩者間的相似性。

是奇蹟。背後的原因在於，人腦完全不同於電腦，而它是以另一種原則來運作的。所以請你立刻忘記自己聽過、將人腦比作電腦的所有比喻！那些完全錯誤，而且低估了我們神經網絡真正的運作過程。人腦不需要跟電腦一樣快、一樣精確，因為它知道很多捷徑和策略，可以省掉許多煩人的運算工作，更快達到目的。

人臉辨識程式

只是這項最單純的運算工作，就已經讓電腦吃不消了——辨識一張臉似乎很簡單，但是對電腦來說，卻是個巨大的挑戰。看到大鼻子、齜牙咧嘴、一頭捲髮，我們立刻知道他一定是湯馬仕．高特沙克[11]，這件事一點都不難。更狂的是，我一說出這個名字，你腦中就會瞬間浮現這位綜藝大哥的影像。如果神經細胞真的運算得那麼慢（每秒只有幾百次），那在這麼短的時間內，它也不過才進行了幾十個運算步驟。同樣的人腦辨識任務，卻恐怕需要電腦耗費數千個運算步驟才能完成。

電腦如何處理這樣一個任務？它需要有事先設定好的運算過程來執行具體任務。舉例來說，人臉辨識程式能把影像分解成許多組成元素，然後嘗試辨別先前已經被定義為「有效」的特徵，諸如兩眼距離、對稱性、臉上各部分的尺寸和比例。所有這些資訊都收集好了，再和已知的臉做比較，一直比對到吻合的，才能辨識出這張臉是誰。這些都必須一步一步來，而且是根據之前已經設定好步驟的演算法。

演算法是由一個個具體運算規則總結而成的運算步驟（程式）。根據這些運算規則，電腦可以收集、結合，並且利用一個影像的個別訊息。不過，這些運算規則必須依次執行，而且對電腦而言，要辨認出湯馬仕．高特沙克的臉並不是那麼容易，至少需要上千個運算步驟。當然，最好還要算得又快又正確，只要一開始出了錯，最後就會很慘，因為接下來的步驟都會跟著錯——就像算數學題，只要一開始個位數和十位數對調了，就算接下來的計算過程都對，計算結果還是錯。小失誤造成大災難。

像這樣的事，腦當然不會允許。因此，腦有自己的「運算」方式——它在神經網絡中進行。這是一種非常特殊的方式。

腦子是捷徑專家

在神經網絡中進行運算，能提供單一電腦所沒有的優點。我們再來回頭看看那個人臉

⑪湯馬仕．高特沙克（Thomas Gottschalk）是德國家喻戶曉的藝人，差不多是像張菲、胡瓜、吳宗憲這一類的綜藝人物。

辨識的例子。腦會從感官細胞得到一張臉給予的所有視覺刺激，這些刺激是以神經脈衝的形式，從眼睛傳遞至大腦皮質的視覺中樞。那裡的神經細胞受到刺激後，接著產生新的神經脈衝。這些神經脈衝繼續傳遞給所有相連的神經細胞。然後，同樣的戲碼不斷重演：新的神經脈衝產生，然後繼續傳遞。這就是腦的所有祕密了，它會的其實也就這麼多。

重點在於，神經脈衝的產生和傳遞，形成了一個非常典型的神經網絡活化模式。而這個模式（或者說，神經網絡在此時被活化的方式）就是我們所說的「資訊」或「思想」：湯馬仕．高特沙克的影像以一種獨特的方式活化了你腦部的神經網絡。此時此刻的這個活化模式，就是湯馬仕．高特沙克的影像。

和電腦的差別在於，這裡的影像處理程序是平行進行的，因為很多神經細胞可以同時被活化，所以影像資訊不是依次處理，而是會產生一個可以分佈到許多不同神經細胞群組的模式。這樣一來，可以節省許多煩人的運算過程，免去發生運算出錯的機會和多花費的時間（和電腦比起來，人腦真的是懶惰鬼）。

單一個運算步驟（換句話說，就是神經脈衝從一個神經細胞傳遞到下一個神經細胞）的速度雖然很慢，可是在神經網絡中，只要經過幾個步驟，就能有大量的神經細胞被活化——因為一個神經細胞平均和另外一萬個神經細胞相連，所以幾十個運算步驟之後，就已經有幾百萬個神經細胞被活化了。多驚人的捷徑啊！你不必費力地一步一步執行運算步驟，而是把工作分配出去。這點電腦可跟不上。

除此之外，如果網絡中有很多細胞一起合作，那資訊處理過程就會非常穩健可靠。因為最重要的是，最後的產物——神經網絡中的活化模式——大致上是正確的。如果是幾百萬、甚至幾十億個神經細胞一起活化，那麼就算這裡有一個神經細胞比較活躍，那裡幾個不怎麼活躍，也就沒什麼關係了。你去看一場足球賽，就會明白我的意思。當三萬個足球迷一起唱歌，聽起來會意外地和諧，讓人吃驚，我敢說，不是每個足球迷都很會唱歌。可是合唱的人愈多，個人的表現就愈不重要。就算有人唱得太大聲、太快或走音，只要是成千上萬人一起唱，就會顯得無所謂。透過一個群體的同步活動，可以彌補精確性的問題。

細胞數學

雖然人腦不是電腦，但它還是有很好的運算能力。不過，神經細胞很懶惰，除了正負，什麼也不會。所以你可以放心放棄乘除法和多項式函數的積分了——親愛的數學老師，抱歉啦。

所有的神經細胞基本上都是「迷你電腦」。雖然神經細胞沒什麼才能，只會接受脈衝和產生新的脈衝，但神經系統正是在細胞接受與傳遞脈衝的轉換過程中，進行了重要的運算。因為新的神經脈衝不是那麼簡單就能產生的，一個神經細胞要想產生出一個神經脈衝，先決條件是它必須夠強大才行。

新的脈衝與神經細胞的連接點是突觸，而突觸有可能被激發，也有可能被抑制，端看傳導物質和受體而定。不論是強的、弱的、具激發效果或抑制效果的脈衝抵達神經細胞後，神經細胞會把它們統統加總起來。神經脈衝抵達的地方也很重要，緊密靠在一起的多個突觸，會比相距遙遠的突觸更能激發神經細胞。

神經細胞藉由「接收天線」（那些連結在細胞體上、像小樹枝的樹突）接收到達的脈衝，但是新的脈衝只有軸突能產生。換句話說，只有超過軸突的閾值時，新的脈衝才會產生。所有到達的神經脈衝會被收集起來，彼此重疊，由神經細胞去算：五千個強烈激發的、兩千個輕微興奮的、一千五百個強烈抑制的，這樣足夠讓它自己產生一個脈衝嗎？神經細胞重要的計算中心位在軸突開始的地方，也就是「軸突丘」（Axonhügel）。所有到達的神經脈衝都會集合在此處，然後根據簡單的機制決定是否產生新的神經脈衝：如果得到足夠的火力，那我自己就繼續開火。

這聽起來真的很數學，可是我們不要忘記：電腦只會用〇和一計算，神經系統用的卻是生物化學機制，使用所有突觸能夠釋出的神經傳導物質。突觸不是只有簡單的「開」和「關」，而是可以精確地調整活動，它就像可以調整亮度的燈，可以「只有一點點激動」或是「炮火猛烈」。

除此之外，突觸也會影響其他突觸，也就是說，一個抑制活動的突觸可以對接上一個興奮的突觸，讓它「關機」。這大大增加了神經細胞互相作用的可能性，使這個系統真正靈活起來。這點電腦是跟不上的，電腦要不就是有電流通過開關電路，要不就沒有。

最終這意謂著，神經脈衝從一個神經細胞傳遞到另一個神經細胞後，這些脈衝就會在該處加總起來，並根據這些神經脈衝的總和，再產生出另一個新的神經脈衝，而且單單一個神經細胞，就能夠傳給幾千個同伴。神經網絡活化的範圍愈廣，就能愈劇烈地改變網絡、處理資訊。剛開始，一切只是眼睛視覺細胞的電子訊號，到最後，腦部有很大的區域被活化了，也就是出現了完整的圖像。總之，腦子沒有處理資料的中央處理器，整顆腦就是唯一的處理器。

但是，神經細胞要怎麼知道，自己必須如何以及在何處產生突觸，以及要使用哪些傳導物質呢？

它們不知道！因為腦並沒有建造藍圖。當然，基本的結構由基因決定（例如海馬迴在每個人身上都長得差不多），可是每個人腦部的細節卻不盡相同。這和電腦相反，因為電腦是依據事先規劃來製造的。為了執行某個具體的任務，電腦程式也必須事先寫好，否則無法運用。腦子則是在工作過程中自我建構而成，而且不知道後來會是什麼樣子，所以永遠不會到達完美或完成的境界。它就像一個永無完工期限的大型工地，一再改建。人腦本該如此，而不是像德國的某些機場或火車站，畢竟腦子必須隨時準備好接受新的挑戰。要是讓它完工落成，就無法再學習新事物了。

所以，忘掉諸如「我們擁有的是石器時代的腦袋，它不是為現代生活設計的」這類說法吧。我們的腦子不是專為某個特定時代打造的。它強大多了，可以不斷適應新的刺激，而且具有可塑性。因此，腦隨時處於最新狀態，永遠不需要更新或改造。面對一部十年前買的電腦，我只能嘆氣，但腦子卻是永遠不會過時。

一個不斷重來的器官

不管你是生活在三萬年前的非洲草叢、中古世紀，還是今天的德國小鎮帕馬森（Pirmasens），你找不到比腦更善於適應環境的器官了。電腦程式只能處理它被設計來處理的問題（有些程式甚至還處理不了問題）。一旦要電腦面對一個全新的任務，它就不知道該怎麼辦了。人也常常會這樣（你只要看看周圍的人就知道了），但是人腦會適應外界的刺激，而且自動改善。

從這裡你也可以看到腦會犯錯的主因：畢竟它必須先學習如何處理資訊，而且幾乎不會第一次就成功。腦子必須被活化、被使用，才能夠繼續不斷讓自己更上一層樓。外部的刺激會改變腦部的神經網絡結構，而這又會使得它將下一次的刺激處理得更好。然而，一旦它好好地適應了某個刺激，神經網絡也做了精細的調整，這對另一個會讓神經網絡往其他方向發展的刺激來說，未必是最理想的狀態。不過話說回來，最理想的狀態並不存在。

其實這根本也不算壞事，反而是人類能夠學習和思考新事物的基本條件。最初的錯誤是為了最後成功所付出的代價。例如語言，它是非常複雜的事情，不僅要肌肉和呼吸的精確協調，還要了解一個字詞究竟是什麼意思。即使是人腦（而且是世界上最好的腦）也需要好幾年的功夫才能掌握。因此，嬰兒剛開始也只是嘰哩咕嚕說些沒意義的話，一直要等到神經網絡逐漸塑造並適應了語言模式才會說話。剛開始的兩年，小孩子幾乎是不斷犯錯，然後出現了第一句：「媽媽，我將來長大要當投資銀行家！」多麼振奮人心啊。

未來的人腦電腦

電腦顯然比人腦更善於運算，也更精確、快速。電腦也的確必須如此，因為程式要的是零錯誤的運算。拿電腦來比喻人腦功能沒有什麼意義，因此現在是逆向操作——專家試著讓電腦模仿人腦的方式運作。今日，人們已經可以在「人工神經網絡」中執行複雜的任務，這些神經網絡的運作方式類似真正的生物神經網絡：將資訊分送各處後，並行處理，該網絡藉由改變計算單位之間的連結，自行適應外來的刺激（順帶一提，最新的人臉辨識程式就是以類似的原則運作）。

人們正努力在大型的研究計畫中，逐漸達到讓電腦模擬人腦運作的目標。為了讓超級電腦的運算能力再提升，歐盟從現在到二〇二三年，將投入十億歐元進行「人類大腦計畫」（Human Brain Project），希望超級電腦有能力執行那些人腦能輕鬆完成的任務：吃著棉花糖在啤酒節會場跑攤，還一邊想著自己正在做什麼。預祝未來的電腦玩得愉快！

| 迷思 |

15.5

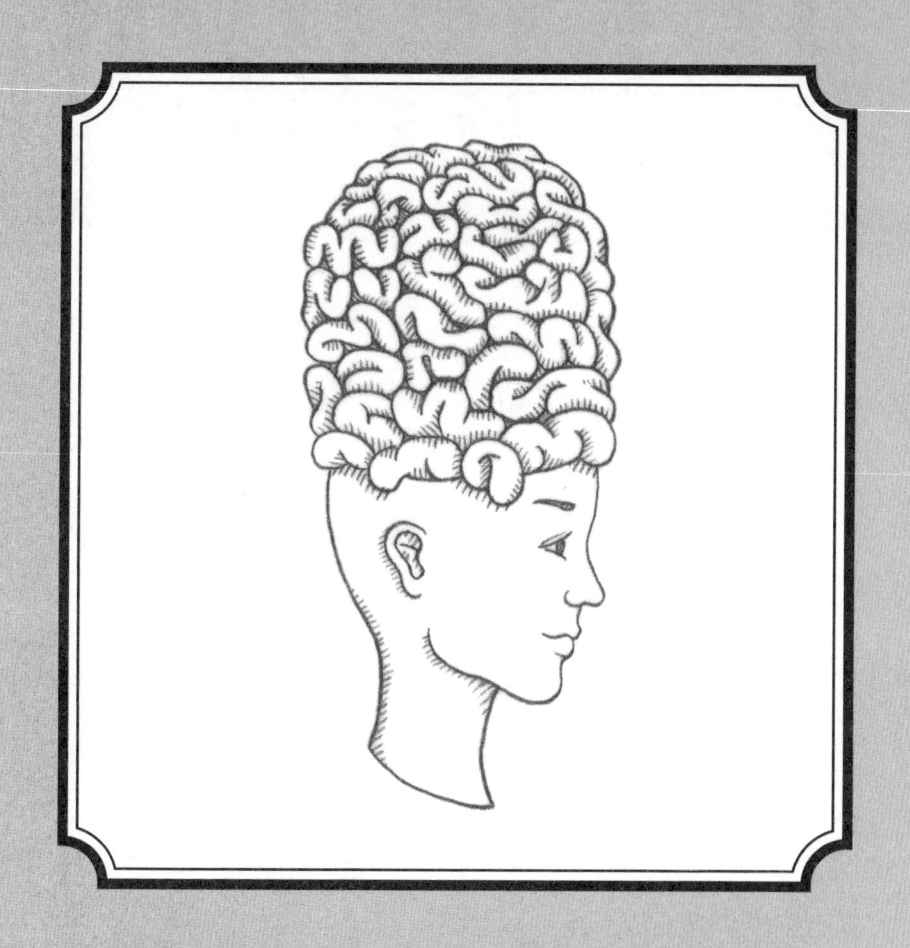

腦的儲存空間
實際上是無限的

人們對於書中提到的某些迷思，幾乎已經達到偶像崇拜的程度，有些迷思則仍持續努力想達到同樣崇高的地位。人們一開始先想像「人腦像電腦一樣運作」，接著再編造出「腦袋裡有一個固定的儲存空間」的想法，之後混入生物學的解釋——人腦比電腦棒多了——於是，新的迷思誕生了：我們的腦容量實際上無限大，腦子無比複雜，可以儲存的資料量多得難以置信。理論上是如此。無論如何，確實是遠超過我們至今所儲存的資料量。

我決定先發制人！為了不讓這麼一個有害的淺薄知識失控地散佈開來，我們現在就在這裡先解決它。就當它是電腦迷思的一部分，稱之為「迷思十五・五」。

腦部儲存空間的真相究竟是如何？我們可以記住多少資訊——腦真的像一張永遠存不滿的記憶卡嗎？人腦儲存資訊的方式和存進硬碟裡不一樣，現在正是解釋的好時機。

腦袋裡的資訊

上一章我們已經說明過腦子如何進行運算，它不是一個步驟接續一個步驟來運算，而是在網絡中平行進行。兩者最根本的差異在於：電腦有硬體（例如晶片上的半導體）和軟體（電腦程式）；但人腦不同——聽好了，腦袋裡的硬體同樣也是軟體。我認為，上面這句話或許是整本書裡最重要的句子了。如果要我說，你看完本書應該記得什麼，那麼請記住——腦不會去分辨哪部分是執行中的「程式」、哪部分是正在跑程式的電路板。

說得更具體些，電腦裡有一個處理軟體和數據的計算中心（中央處理器）。數據是指儲存在電腦裡的電子符號，通常由一串一和〇組成。例如德文的「胡說八道」（Unsinn）這個詞就是以 01010101 01101110 01110011 01101001 01101110 01101110 為代號儲存在電腦裡的（它需要四十八個位元的儲存空間）。為了方便未來能夠再次找到這串符號，它會被儲存在某個地方，擁有一個位址。因此電腦有硬體，它的儲存空間是有限的，一旦儲存空間滿了，你就沒辦法再存進其他可愛貓咪的圖片了。

人腦完全不一樣，它的硬體同時也是軟體，數據和其位址也是同一件事。此外，電腦裡的數據本身並沒有意義，數據要變成資訊，必須先經過解釋。「46244」這數字可能是德國城市伯托普（Bottrop-Kirchhellen）的郵遞區號，或是某地方數學博士的人數。總之，電腦不知道它實際代表的意義。人腦不同，我們只會存下自己認為有意義的數據（譬如一串數字）。

也就是說，數據、位址、資訊全都是一體的，統統儲存在神經網絡的結構中。這個結構（又或者說，這個連結的模式）代表的是神經網絡可以活化的方式。而該活化模式就是我們意識到的思想和資訊。這就是為什麼人腦沒有硬體，也沒有獨立的儲存空間（就像沒有處理器一樣）。整顆腦（又或者說，整個神經網絡）的神經細胞會調整彼此的連結，讓某種活化模式（資訊）變得容易啟動，這就是人腦儲存資訊的方式。

腦容量是無限大的嗎？

所以說，一則資訊就是一種神經網絡活化的方式。可是到底可以有多少種類似這樣的神經網絡被活化呢？人腦畢竟不是無限大，所以儲存空間也不可能是無限的，對吧？

目前一般公認，成年人的腦大約有八百億個神經細胞。每個神經細胞平均和一萬個其他細胞連結，能產生八百兆個連結。為了簡單起見，我們先假設每個連結不是「開」就是「關」。在這個假設下，神經網絡活化的方式大概有——小心不要嚇到喔！——十的二四〇億次方種可能性。這已經相當不可思議，而每個突觸又可以有許多不同的活化程度，所以變化又更大，估計是落在十的二四一兆次方！這是一個尾數帶有二四一兆個〇的數字。我們來比較一下：柏林的債務甚至不到十一個〇。我們需要六億二千五百萬本像你現在手裡拿的這本書才能記下這一大堆〇。

這數字實在是太驚人了，大到我不知道該怎麼讓你理解。就算拿天文學來做比較都還很可笑：全宇宙大概有十的二十四次方個星體，在地球上大概有十的五十次方個原子——這些比起腦部活動，實在是小巫見大巫。再加上，網絡中的連結（也就是突觸）不只有「開」或「關」兩種選項，而是可以有不同的活化程度，甚至會互相影響。有時釋放出的神經傳導物質多一點，有時少一點。藉此再度強化了一個活化模式形成的可能性。

所以，壞消息是：理論上，人腦的活化模式確實是有限的。不過好消息是：你可以記住的資訊其實比整個太陽系的原子還多。現在你再也沒有藉口忘記結婚紀念日了。

共享的網絡是更好的網絡

討論完了理論，我們現在來看看實際的情況。這些理論有什麼具體的意義？畢竟在腦袋裡，每個神經網絡的活化狀態並不是完全獨立的訊息。

假設你想起了自己的媽媽，這個活化模式也許有一．二億個神經細胞同時參與、建構出了你腦中媽媽的影像。多一個細胞，少一個細胞並不重要，這正是這個系統會這麼強大的原因。要抹去你腦中媽媽的影像，只摧毀一些神經細胞是不夠的。你必須徹底改變神經細胞之間的結構，才能夠讓「媽媽」這個活化模式不再形成。

除此之外，這也意謂著，資訊可以彼此重疊。「媽媽」這個活化模式的某些部分，也可以同時是「爸爸」這個活化模式的某些部分（這是肯定的）。因此腦袋裡的資訊通常是資訊網絡的一部分，它們不像電腦中的數據單元那樣一個接一個排列整齊，而是會與許多其他不同的資訊連結在一起。因此人腦並沒有一個特定儲存記憶的地方，而是由一個分佈很廣的神經網絡儲存一切。

電腦完全是另一回事。如果儲存空間滿了，就必須刪除一些東西，才能騰出空間給新的東西。人腦不會一下子就刪除任何東西，而是會持續增加連結，讓神經網絡一點一點適應。某些情況下，這可能代表了之前的資訊不再儲存得那麼完善，因為神經網絡已經改變了，變得對之前儲存的資訊有些不利。然而這則資訊並不會馬上就消失不見。

這樣的運作方式，讓現在想測出「腦容量」到底是一〇〇TB、一〇〇TP、還是一〇〇EP，變得毫無意義。因為腦容量一直都在適應資訊量的需求。人腦對資訊的定義也和電腦不同。你要如何用位元或位元組來捕捉自己對媽媽的記憶，她的影像、聲音、味道，還有你對她的情感？你可以用的是神經網絡中的活化模式。這些模式能自由使用類比訊號（也就是神經傳導物質）來調節。

所以，捨棄「儲存空間的概念」吧。這從生物學的角度來看是沒有意義的。我們不會在腦部某處囤積資料，一直堆到容量的極限。因為「腦部儲存空間」可以說永遠都是滿的——我們已經知道腦不會隨便浪費資源（複習一下迷思八）。隨著新資訊的進入，腦容量會稍微擴大，讓新東西也可以找到一席之地。因此儲存空間會因應資訊量而不斷調整。但是，這個過程會隨著資訊量的增加，而變得愈來愈複雜，所以腦部儲存空間實際上是有限的！

自私的資訊

輸入腦袋的每則資訊為了讓自己佔上風，總會改變神經網絡的結構——十分自私，不會管其他資訊的死活。如果真是這樣，那麼，為何腦容量不論在理論上或實際上一定有個上限，答案就很明顯了。因為每則新資訊會抹掉「一點」已存在的資訊。所以已存在的不會突然就從記憶裡消失，但是會被新進資訊逐漸取代。也就是說，如果它們沒有穩健的突觸，無法長久固定在神經網絡的結構中，或沒有一再被活化，就會一點一點消失。

反過來說，隨著傳入的資訊量增加，腦子就會變得愈來愈難把各自獨立的活化模式存進神經網絡中。因此，每個新模式會和既有的模式重疊。要分辨這些模式，並且快速找到那個新模式，最終會變成一件非常複雜且費時的事。

你也有可能是，把雜七雜八的大量資訊胡亂塞進腦子裡，搞到最後腦功能驟降（不論它是如何活力旺盛得不可思議）。這想法原本還停留在理論階段，不久前已經有人使用人工神經網絡來模擬。結果證實，像這樣一個人工神經網絡要處理的資訊愈多，需要的時間就愈長[90]。原因很簡單，網絡到了某個程度就會變得混亂。網絡中的連結代表至今輸入的所有資訊，它們在網絡中各自留下了「指印」。隨著時間過去，網絡中累積了愈來愈多重疊的連結模式，但是彼此並沒有完全讓對方消失。終究，這些平行的運作程序會變得太複雜，超乎腦袋所能負荷的範圍。也許，到了某個時候，腦會能夠再度接收更多資訊——但這樣效率不彰，因為有很多其他資訊來干擾，讓神經網絡無法好好地儲存資訊。而這實際上就等於是設下了儲存空間的極限。

因此，腦子會設法不讓訊息過量。它為此想出了一個非常巧妙的機制。

學習篩選機制

為了不至於在龐雜混亂的資訊中毀滅，腦會嚴格汰選掉不需要的資訊，只有重要的資訊才能在神經網絡中，以特定的神經網絡活化方式落地生根。判斷資訊重不重要，腦的原則只有一個：該資訊重複的次數。一個詞聽過一次——馬上就忘了；聽過十次——好一點；一個詞要聽過幾千次之後，才真的會長久儲存在神經網絡中。

所以，腦需要一個「評估」資訊的監工，也可以這麼說，一個學習篩子，濾掉那些沒用的，去蕪存菁之後只允許有價值的通過。這就是海馬迴的工作，我們之前在其他地方已經提過它的名字。

海馬迴就像一個暫存區。白天發生的所有事情都會在海馬迴留下某種活化模式。長遠來看，資訊會廣泛分開來儲存在腦部，尤其是大腦皮質，但是資訊要想進入那裡，前提是海馬迴活化這則資訊的次數夠多，用這種方式將它提供給大腦。遲鈍的大腦經過幾千次的重複之後，終於知道必須把這個資訊儲存下來，於是把海馬迴的資訊活化模式轉存到自己的神經網絡中[91]。而那些對海馬迴來說似乎太不重要的資訊（因為活化的次數太少），則是根本進不了大腦。

海馬迴能讓一則資訊變得重要。就像 YouTube 影片，按讚的人愈多會讓那部影片變得格外有趣；一則資訊也會因為經常被活化而變得重要，並因而能更加深入神經網絡的結構中，難以被排擠掉。

有限的腦

比起努力記住更多東西，更重要的是，要盡量把多餘無用的資訊垃圾排除，避免增加神經網絡的負擔。因此，腦為了保護自己，會避免那些不必要、只會干擾神經網絡的活化模式。這件事很重要，因為就算一個神經網絡可能的活化方式數也數不清，它也必須有意義地運作，才不至於陷入混亂。只有這樣才能有效地保存資訊。

說到保存，讀完這一章，你應該記住最重要的三件事是：第一、腦沒有硬體和軟體的區別；第二、腦的儲存空間是動態的，始終保持剛剛好的大小；第三、腦袋裡的資訊和電腦中的完全不同。腦袋裡的資訊是活化模式，這些模式很容易彼此重疊。例如「好吃」這個資訊，會同時是「咖哩香腸」神經網絡和「雞捲」神經網絡的一部分。這就是為什麼我們很容易分心，從一個想法跳到另一個。這樣做可是會帶來嚴重後果，我們下一章馬上可以看到。

迷思 16

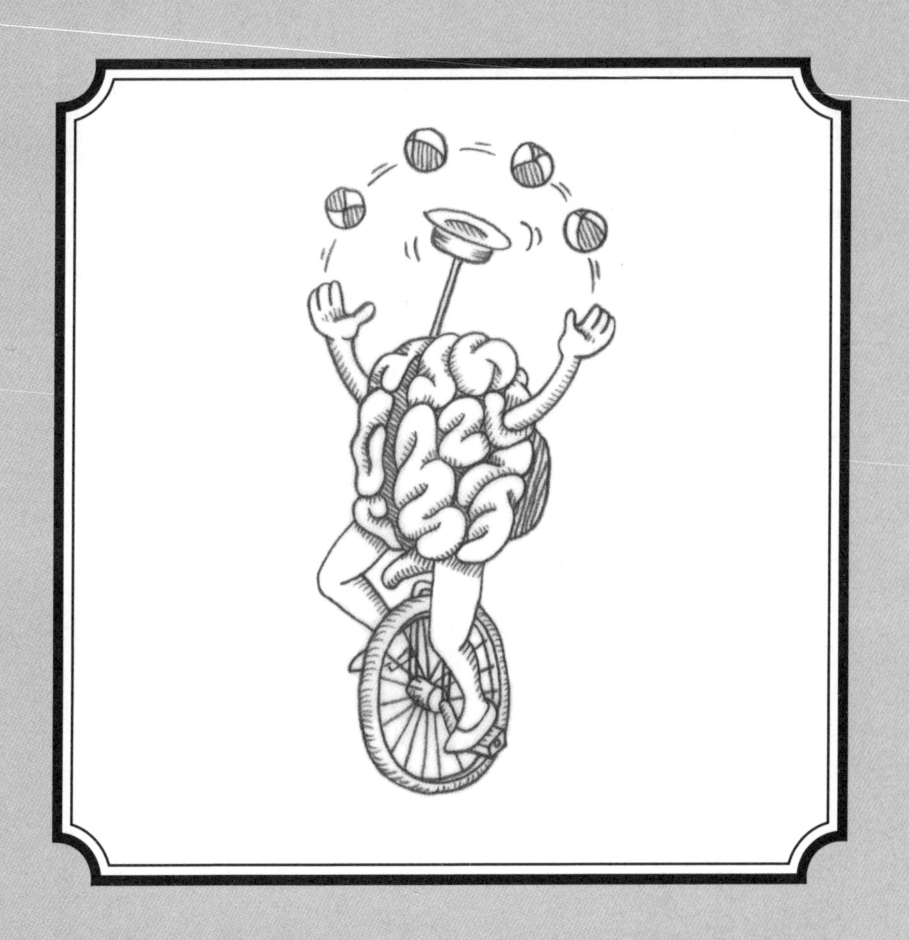

我們可以一腦多用

我很佩服我奶奶。每天晚上，她可以坐在電視前的沙發上，好幾件事同時做：一邊看著連續劇，一邊吃餅乾，還一邊翻雜誌。人顯然可以一腦多用，一點也不困難。我就不一樣了，辛苦工作一整天之後，通常累得連入睡都有點困難。

同時處理很多事情的能力，在現代社會十分流行而且格外重要。如果不隨時檢查電子郵件、講手機、傳簡訊，並且聽著音樂擠上公車，你要怎麼活？同時被這麼多的資訊團團包圍，搞得我們必須不斷做決定，才能確保自己的生存：要現在回電，還是等一下？買下、留著，還是賣掉？要點烤肉串、漢堡，還是咖哩香腸？這堆事情還統統同時發生。一腦多用已經成了我們應付生活工作必須具備的重要「軟實力」。有些求職者還會在履歷表中誇耀自己一腦多用的能力——這是自曝其短，我們等一下就知道了。現在這個年代，讓人分心的事物總是不斷出現，例如震動的手機、閃爍的臉書訊息等等，因此你不得不時時把注意力放在很多事情上，而這是需要技巧的。

在閱讀本書時，我當然也要請你集中注意力。如果你很專心，前面幾章的知識應該已經在你的腦部以活化模式表現出來了——而且你現在知道，腦的思考運作其實就像是一腦多用，需要在神經網絡中平行進行。資訊被分別處理，接著由不同的神經細胞組群統整起來。所以我們可以同時看、聽、吃、聞，還一邊思考。原來如此！於是，你可能很快就認為：這章該講的都講完啦，一腦多用不僅可行，而且還隨時在發生！

真的是這樣嗎？我們真的能夠有意識地同時做很多事嗎？我們一腦多用的時候，腦子裡面究竟發生什麼事？還有，「注意力」到底是什麼？

意識的大門

外來的刺激在進入大腦之前，必須先經過間腦。間腦就像是意識的守門人，會先針對這個資訊進行評估：是否需要注意？如果是，就傳送到額葉區；是簡單的標準任務嗎？是，那就傳送到不需要意識也能夠處理的區域。

可是我們都知道，如果沒有新鮮事發生，人很快會感到無聊。最容易感到無聊的就是間腦，如果某個刺激持續了幾秒鐘沒有變化，它就會失去興致，不再讓該刺激進入意識中。換句話說，想要有意識地專注在某件事情上，我們需要不斷提供新的東西。一個刺激可以得到的最高榮耀就是意識和注意力。

這麼說來，一腦多用一點也不稀奇。許多資訊被送進了潛意識，在那裡不需要意識的幫忙。大多時候，我們是以「自動駕駛模式」來處理事情，因為腦子已經知道要用什麼模式來應對，並且完全自動完成。我們騎腳踏車的時候，不必考慮每一下該怎麼踩，還可以邊騎邊聊天。一旦腦子學會該啟動哪一個活化模式來應付標準狀況，就不需要注意力了。只有當情況變得不尋常的時候，我們才會變得需要「有意識地」去解決這個任務。這種有意識地同時進行（目標各異的）獨立任務，才是真正所謂的「一腦多用」。

大腦書桌的秩序

真正的一腦多用可沒那麼容易。因為注意力是大腦非常寶貴的資產，而且受到某個腦區的控制，這個腦區在人類身上特別發達。由於它位在額葉前端，因此專家稱之為「前額葉皮質」。它也常常被稱作「工作記憶體」，可是我們在上一章已經說過了，這種電腦詞彙不適合套用在人腦上。

前額葉皮質不會儲存任何東西，它只會匯集當前重要的資訊。不同腦區的活化模式可以在前額葉皮質匯集成一個新的活化模式。有意識的經驗就是以這樣的方式，直接產生在我們的前額中。

可別誤解我的意思！這個前額區域並不是腦袋產生意識的最高控制中心。雖然這區控制了我們的注意力，但意識不僅止於此。意識的產生是藉由活化大範圍的腦區，進而使它們同步交互作用。儘管意識的本質在科學界仍有諸多爭議，但目前的共識是，一個想法（活化模式）只要在不同腦區和前額葉皮質之間來回傳遞的次數夠多，就會被腦子「意識到」。至於，從這裡要如何形成有意識的經驗，我們還無法解釋。

這樣看來，前額葉皮質並非大家想像中的「意識模組」（Bewusstseins-Modul），而是一個思考的整合平台。就好像我的書桌：桌上有我從書架拿下來的書、從信箱拿來的信件、從書報攤買來的雜誌，還有便條紙和草稿。書桌是所有資訊匯集在一起的地方。在這裡完成本書以後，我會把書桌收拾乾淨，準備好進行下一個工作。

為了方便取用並重新組織資訊，那些東西會擺在我書桌上一段時間。某本雜誌被我翻了幾個小時後，會先放到一旁；書可能就擺得稍微久一點；至於那些筆記紙條，我剛剛才注意到它們一直都還留在那裡。而腦子的書桌（前額葉皮質）運作起來就快多了。來自遠方腦區的資訊，必須在不到十分之一秒內與前額葉皮質同步，才能讓我們意識到它的存在。

不過前額葉皮質和我的書桌不同，前者只會收到資訊的副本。如果我們意識到一個圖像，實際的活化模式仍然停留在腦部的視覺中樞，只有副本會傳到額葉。最後再形成一個擴及整顆腦的巨大活化模式。這樣大有好處，例如，一則影像資訊在交由視覺中樞的專門區域處理時，前額葉皮質也可以同時專注地開始處理——達到完美的同步。

要看足球賽還是實境秀？

每個有書桌的人都知道，桌面上很快就堆滿東西了。這個問題也會出現在前額葉皮質。為了不讓東西滿出來，不需要的就得拿走。這對前額葉皮質來說並不困難，資訊來自哪個腦區，只要關掉和那個腦區的連結就行了，活化模式馬上就會從意識裡消失無蹤——從額葉和感官消失（但是不會從腦子裡消失，因為潛意識仍然在處理中）。

所以說，前額葉皮質根本不可能有意識地同時處理好幾件事（畢竟我們只有一個意識）。真正的一腦多用根本不可能。我們自以為的一腦多用，其實只是在不同的事情之間不停轉台。

這樣做其實沒有什麼好處，我們拿一個看電視的尋常夜晚做例子，就能一目了然。好幾個精彩節目在同一個時段播出的事屢屢發生，例如歐洲足球冠軍聯賽（Champions League）和《鑽石求千金》⑫同時播。我先看足球賽，可是比賽膠著沒進展，我的意識沒興趣了，不得不轉台。看了幾分鐘膚淺的實境秀之後，我受不了了，又轉了回去——想當然爾，我錯過了剛剛精彩的射門，真該死！好吧，這次足球賽停留一點，結果又太晚轉台，沒看到黃金單身漢遞給誰玫瑰花。可惡！同時看好幾台根本不可能。我們的注意力也是這樣，前額葉皮質無法有效地切換頻道、同時處理不同的任務。它的工作效率，會因為不斷錯過最好的而節節下降。

別想一次解決很多事。對腦子而言，事情依輕重緩急來處理，會讓效率提高許多。因為，如果同時有重疊的兩個活化模式搶著要讓腦子意識到，準確性就會被犧牲掉。好比你打開收音機，而隔壁房間也開了音響，兩邊的音樂重疊在一起。如果你站在走廊，兩個聲源的中間，你不會同時聽到兩首歌，而是會聽到難以辨識的混亂樂音。

一腦多用一直都在偷偷發生當中

因此我們的意識不能同時解決好幾件事，而是快速切換。在不同任務之間快速切換並不是那麼容易，因為需要具備兩個條件：第一、必須加強注意力，然後將它引導到新的目

⑫《鑽石求千金》（Der Bachelor）是一個真人實境秀，一名單身男子與一群女性同在一個屋簷下相處一段時間，在聊天和互動過程中選出他的真命天女。是美國實境秀 The Bachelor 的德國版。

標上；第二、注意力必須擺脫原先的目標，也就是說，它必須從前額葉皮質的一個活化模式跳到另一個。前額葉皮質其實也很喜歡做這樣的事，把注意力集中在一件事情上，並不表示腦子裡只處理這一件事。

舉例來說，你在派對上和其他人聊得很起勁。四周還有很多其他人，但你不太留意別人在聊些什麼。突然間，你聽到另一頭有人提到你的名字，於是你的注意力馬上轉移過去，儘管在這之前，你根本沒在注意那些談話內容是什麼。那幾公尺外的談話雖然不在你的意識裡，可是其實一直都有進入你的耳朵，直到你察覺有重要的資訊，立刻迅速讓它進入你的意識。

因此，沒錯，你一直在一腦多用，只是你沒有意識到。因為有意識的注意力一次通常只能放在一個目標上。

一腦多用的陷阱

有意識且主動地在兩件事情之間切換，就已經有其極限了；兩件事同時進行，對前額葉皮質則更是勉強。在一腦兩用的實驗中（受試者必須同時處理兩項任務），前額葉皮質會把工作分成不同部分，右半部處理的任務會不同於左半部[92]。也就是說，有兩個活化模式分別發生在兩個不同的區域。譬如，在加法進位時，某種程度上是一邊算一邊記——德國俗語說的「暗記在『後腦』」，事實上是記在「另一側的腦」。這麼做很可能為前額葉皮質打造了一條捷徑，讓它可以快速在兩個活動間來回切換，而不需要為了解決新問題，每次都費勁地從腦子的其他部分「上傳」新資訊。

總之，這方法用在處理簡單任務上沒問題（不過這類簡單任務在日常生活中幾乎不會出現，例如，受試者必須記住一串字母，同時要注意大小寫）。可是多於兩項任務就不行了。只要再加上一個新任務（例如，受試者還必須記住字母的顏色），在三個任務中就會有一個經常會被忘記。一次處理一個問題時，效率最高。每一個額外的問題，都會搶著要得到我們的注意力，因而讓人表現得比較差。

一腦多用不僅浪費時間，還犧牲了準確性。在駕駛模擬器中，如果要求受試者在走對路抵達目的地的同時，還必須記住路邊的數字或字母，他們不僅會記不清楚字母，還會比那些只要專心駕駛的受試者，更常錯過正確的路口[93]。如果還必須一邊通話，情況就更糟了（即使是免持聽筒也不行）。腦袋在那種時候顯然會失去評估額外資訊的能力——是否還得算路旁玩耍的小孩有幾個，或者廣告招牌有幾塊，已經毫不重要，因為光是通話和注意模擬器中的其他車輛，就已經讓人忙不過來了[94]。他的反應速度和記憶能力已經降到血液中含有千分之〇．八酒精濃度的程度了。所以說，開車時禁止使用手機是有道理的。

一腦多用的幻想

所以說，密集且經常地一腦多用，並不是什麼值得拿來誇耀的能力。因為第一、這從生物學上來看不可能；第二、我們認為的「快速切換」其實缺乏效率；第三、那些自認擅長一腦多用的人反而特別不擅於不同任務間的轉換。在某個實驗中，受試者被要求在數學題和記字母之間來回切換，那些自認對一腦多用很拿手的人（例如，經常一邊玩手機一邊吃咖哩香腸），通常都表現得比那些自認不擅長一腦多用的受試者差[95]。注意力實驗也顯示，自稱可以一腦多用的受試者較不能專心，常常會閃神，而且轉換任務時，也比那些謙虛的受試者慢[96]。總之，那些自以為可以一腦多用的人是自欺欺人，他們工作時很容易精神渙散。

不過我們目前還不清楚，那些自認可以一腦多用的人是因為太經常一腦多用，才會表現不佳、注意力不集中；還是說，他們一直以來都是這個樣子，所以在真實世界中常常抗拒不了手機和筆電的誘惑，因而誤認為自己可以一腦多用？無論如何，我的建議是，不要吹噓自己可以一腦多用，你可能會自食惡果。

現在也是個大好機會，把「女人比男人更擅長一腦多用」這個似是而非的常見說法給丟了。絕大多數的科學研究都駁斥這個說法（其實女人和男人一樣差[97]），撇開這點不談，我絕對不會用「一腦多用」來責備人。尤其是這一章之後。一腦多用是一種錯覺——而且很危險。如果你想充分利用自己的腦子，那就一次只給它一個任務。分心很誘人，但是得不償失。

現在失陪了，我得來確認一下電子郵件啦。

| 迷思 |

17

鏡像神經元
解釋我們的社會行為

從事腦科學研究的人，不必總是穿著白袍、窩在無菌實驗室用顯微鏡觀察細胞。腦科學研究其實無所不在。舉例來說，某天早上我坐在火車上，四周坐了很多看起來疲倦不堪的上班族，和睡眼惺忪的學生，甚至連我自己也還半睡半醒。這時候，突然有人打了一個哈欠。光是拉長臉（當然是用手遮著）、張大嘴巴、深呼吸、緊閉雙眼的這幾個動作，就已經傳染給了其他人。短短幾秒鐘之內，其他的乘客也開始打哈欠了。有些明目張膽，有些遮遮掩掩，可是仍逃不出我的法眼。就算你只是假裝打哈欠，也同樣可以「傳染」別人，不信的話你可以試試看。

這跟腦科學研究有什麼關係？只要稍有了解的人都知道，是「鏡像神經元」（Spiegel-neuronen）讓我們跟著打哈欠的。那些特別的神經細胞，讓我們能夠站在別人的立場去理解他的行為。它們像鏡子一樣，把他人的行為反映在我們的腦袋裡，這是人類同理心的生理基礎。

鏡像神經元確實是最新的潮流，而且不只是在腦研究的領域，在社會學和心理學也相當受到重視。那些業餘的神經科學家和心靈導師用鏡像神經元來解釋一切：為什麼足球迷都穿一樣的衣服（因為反映了其他球迷的穿著）；為什麼有些情聖特別會調情（因為擅長反映出他們情人的行為舉止）；為什麼看到別人腳踏車摔車、然後在柏油路上滑行了十公尺，我們也會跟著驚嚇不已，而且「感覺」到很痛（因為鏡像神經元在我們身上引發了「相同」的疼痛感）。為什麼我們看了《鐵達尼號》的結局會落淚（因為船沉了）。

總之，鏡像神經元要為大眾心理學中流行的一切負責。同理心、同情心、合作——這些終於有了生物學上的解釋。人們現在明白「為什麼我們會知道別人的想法和感受」，或者「為什麼我能將心比心」——或許，它也解釋了為什麼我可以把打哈欠傳染給同車的陌生乘客了。鏡像神經元好似掌控了一切。

猴子的小抓握，人類的大進步

人們得知關於鏡像神經元的事還不算太久。二十多年前，賈科莫．里佐拉蒂（Giacomo Rizzolatti）和他的團隊在義大利帕爾馬（Parma）發現，獼猴腦部發生了驚人的事。一隻獼猴如果要做某個動作，牠的腦部（更確切地說是運動皮質區〔motorischen Cortex〕）就必須產生某種動作計畫（Bewegungsprogramm），然後傳送到相關的肌肉。那些實驗獼猴很靈巧，很會抓堅果，也很會剝殼。因此，藉由推斷其運動皮質區神經細胞的活化程度，研究人員可以清楚看見，當獼猴伸手去抓堅果時，是什麼時候在什麼地方激發了運動脈衝。

到這裡，一切還算順利。不過令人驚訝的是，一隻獼猴光是看到另一隻獼猴（人類在這種情況也一樣）去抓堅果，自己也會有些神經細胞（它們原本應該只負責激發運動）跟著活化起來。不管是牠自己伸手去抓堅果，或是測試者做這個動作，永遠都會活化同樣的神經細胞。就好像，這隻獼猴只要觀察到自己也做得到的動作，就會激發出「虛擬的運動脈衝」。

於是，專家稱這些神經細胞為「鏡像神經元」，因為它們在某種程度上「反射」了外界的行為，然後在自己腦子裡概略地重現[98]。太美妙了！因為，如果這些神經細胞能夠在腦子裡複製別人的行為，那我們就可以設身處地站在別人的角度理解他們的行為了。那些想引人注目的神經科學家（特別是維蘭努亞．拉瑪錢德朗〔Vilayanur Ramachandran〕）立刻將它們解釋成富有同情心的「甘地神經元」[99]，認為是它們奠定了整個社會的基礎。

但是慢慢地，現在專家學者對這些迷人的神經細胞已經有更進一步的了解，明白了若想解釋人與人之間的相處，它們絕對不是神經科學的萬能武器。先來看看我們對這些神經細胞真正有多少了解吧。

一個混合的小組

說到「鏡像神經元」，你可能會認為，那是一群界定清楚且位置固定的神經細胞，其主要任務是在我們的腦袋裡虛擬（映照出）別人的動作。但事實並非如此，鏡像神經元原本就是會產生運動脈衝的神經細胞，只不過，如果它們看到一個外界的動作和自己積極參與的動作很類似，也會變得活躍。一個通常會啟動「抓堅果動作模式」的神經細胞，當它看到別人抓堅果時，也會啟動相同的動作模式。

神經科學已經知道許多不同型態的鏡像神經元[100]。對某些猴子而言，看到的是現實世界中的動作，還是影片中的動作，並沒有差別。另外，有些鏡像神經元對使用工具的動作（有人用鉗子去夾堅果）也會有反應。又或者，光聽到聲音就有反應（例如，聽到硬殼被壓碎的聲音）。除此之外，猴子和所見堅果之間的距離、視角、某些動作是不是被遮住，或是事後的獎賞（餅乾）多寡，對鏡像神經元的活化程度也很重要。

請注意，鏡像神經元並不是腦部運動中心裡複製外界動作的鏡子。它們受到腦子其他部位的影響（像是距離和視角這類的複雜資訊）。這些資訊必須先整合後，鏡像神經元才能做出適當的反應。它們不會讓我們變成模仿動作的鸚鵡，只會看到什麼動作就跟著做，沒有自主意志。事實上，辨認和理解外界行為是個複雜的過程，而鏡像神經元只是過程中的一個要素。

神經細胞映照出的人類

關於鏡像神經元，我們知道的知識並不少，只是大部分還是來自於猴腦。這對我們想解釋足球迷為什麼歡呼和情侶為什麼親吻、神經細胞在這當中究竟扮演了怎樣的角色，並沒有太大幫助。因為要直接測量人類的腦神經細胞很困難。雖然實際執行的過程不會造成任何疼痛（因為腦部沒有痛覺細胞，所以小心了，別人切你腦子的時候，你是不會有感覺的），但不管怎麼說，沒有人會為了讓野心勃勃的年輕研究人員用金屬線測量單一神經細胞，而同意別人打開自己的腦殼。

所以，對人類鏡像神經元的大部分研究，都是侷限在利用功能性磁振造影這一類的方法。這類方法的限制，在本書一開始就已經討論過了，它緩慢、不精確且間接，無法測量個別細胞的快速變化。但至少，功能性磁振造影可以粗略將那些具有「鏡像性質」的區域分辨出來[101]，這些區域不僅在實際行動時會活化，單純觀察他人也會活化。

研究結果發現，有很多區域都能夠模擬外在活動，意思是，它們光是被動地觀察一個動作，就能啟動一個相當於自己實際做動作所啟動的活化模式。這不只包括運動皮質區（如在猴子研究中推測得出的結果），還包括視覺中樞、小腦，甚至邊緣系統的一部分。邊緣系統對我們的情緒生成很重要，但是至今還沒有研究能夠具體證明，當我們同情別人時，哪裡有個別的鏡像神經元做出反應。換句話說，我們腦袋裡並沒有「同理心中樞」。

然而，在極少數的狀況下，有研究者成功接觸到人類大腦皮質的單一神經細胞，並測量其個別活動。例如，在為了手術不得不開頭顱的癲癇患者腦中，研究人員發現，患者的某些神經細胞不只會在他認出一個笑臉時活化起來，在他自己微笑時，也同樣會活化[102]。不過，這個實驗只研究了一個小小腦區裡的一一七七個獨立神經細胞（而且這裡頭，只有不到八%的神經細胞會顯示出「鏡像特質」）。想全盤了解腦部的所有區域，就像德國想拿板球世界冠軍一樣，遙遙無期。不論如何，這個實驗很有趣，因為它讓我們知道人類也有鏡像神經元——至於它們的功能為何，還是爭議重重。

這代表，要證明人腦也有鏡像神經元已經很困難，要把諸如同情心和憐憫之情等複雜感覺簡化成個別的鏡像神經元在活動，更是完全忽略了現實。我們腦子裡有很多大規模的神經群和網絡，它們共同參與了理解他人行為的過程。這必須透過很多腦區的交互作用，不是隨便快速活化某些鏡像神經元，就能辨得到的事。從我們如何「解讀」他人感受就能清楚說明這點：你看到一個親人哭，也會跟著傷心，並不是因為我們的神經細胞反映了哭泣這件事。環境，還有自己的情緒狀態，也是重要的因素。你必須先認出那是哭泣的表情，然後要知道該怎麼幫它分類（是喜極而泣，還是悲傷？），而這需要更進一步的處理和比對過去經驗。幸好沒有那種簡單「你哭我就哭」的機制，否則我們不就一天到晚看到別人哭就跟著哭（不管那人是我們的媽媽或財務顧問）。

鏡子，鏡子，我腦中的鏡子，告訴我眼前出了什麼事

唯一有科學支持，並且在實驗中反覆得到證實的是，獼猴的某些神經細胞不僅在自己做動作時會活化，在看到別的猴子做同樣動作時，那些神經細胞也會活化。由此，研究者開始推測和解釋這對腦的運作可能有什麼功能上的意義。

鏡像神經元很可能有助於快速學習簡單的動作。例如，媽媽餵寶寶吃東西時，寶寶看著媽媽把嘴張開，也會跟著張嘴，這樣他就可以很快吃到好吃的蔬菜粥。把觀察和行動連結在一起，寶寶可以很快學會一個動作模式。

再進一步，就是「行動—選擇模式」（Aktions-Auswahl-Modell）[103]。這模式指出，鏡像神經元最大的用處（可能）是，使當事者能夠比較觀察到的動作和自己可能做的動作。例如你看到有人抓住堅果，於是你重複（模仿、反映）這個動作模式；如果你覺得這個動作模式不錯，就可以選擇保留它，否則就丟棄。在這情況下，鏡像神經元是在腦中模擬出一個「虛擬現實」，然後借助經驗、感覺和感官印象啟動你的動作。

然而，在大眾科普領域，鏡像神經元往往被簡化成「能站在對方立場想事情」。意思是，你會在腦中模擬別人的動作，也因為有了直接導向這個動作的路徑，所以感受更強烈了。正因如此，你才可能直接感同身受。我們也可以這麼說：喜悅分享後會帶來雙倍的喜悅。不過，這種激進的看法在科學上很難站得住腳。因為有些腦中風患者雖然產生語言的區域受損（那裡的鏡像神經元也因而受損），卻仍然有很好的語言理解能力。所以，「我們只要有鏡像神經元就能設身處地理解別人的行為」，這種說法是不完整的[104]。

目前為止（我會在此這樣強調，是因為在科學領域，隨時都可能出現那些會立刻改寫歷史的劃時代發現），人們已經放棄「鏡像神經元幫助我們設身處地為人著想」的模式了。因為我們發現，這些特別的神經細胞不只是簡單反映他人的活化模式，還會考慮該行動的背景條件。獼猴不只在看到其他獼猴的動作（例如抓堅果）時，會在腦部活化動作模式，而是就算有簾幕遮住讓牠看不到最後的動作（手接觸到堅果），牠仍然可以引發動作模式[105]。顯然鏡像神經元根本不在意有沒有具體的動作供它們映照，而是在意根本的目的（抓堅果）。但是鏡像神經元並非單獨完成這件事，它們需要其他能夠解釋這動作的腦區支援。所以這絕對不是簡單的自動機制，不像「鏡像」這個概念所暗示的那樣：看到一個動作，就立刻在腦袋裡模擬這個動作。也許我們還應該避免這個容易讓人誤會的「鏡像」的概念，「模擬神經元」一詞可能更合適，而且也表明這些神經細胞不是像鏡子一樣被動。

自己打哈欠吧！不然別人也會替你做！

所以，不要錯把鏡像神經元想得很簡單。它們是不是真的參與了人類同情心的作用，仍然有很大的爭議。至今還沒有研究能證明，我們的腦子可以用任何形式反映出別人的情感。別忘了，關於鏡像神經元的一切，我們幾乎都是從獼猴身上得知的。那些研究結果雖然相當振奮人心，可是我們不應該過度解釋並簡單地套用到人類身上。就曾經有轟動一時的神經科學實驗受到誇大的炒作扭曲：從裂腦症患者得來的「左半腦—右半腦」迷思（本書迷思四）。我們不應該在鏡像神經元重複同樣的錯誤。

那打哈欠這事現在又該怎麼解釋？鏡像神經元在這個簡單的模仿動作究竟有沒有起任何作用？也許有，但絕非獨立行事。無論如何，我們可以證明的是，和鏡像活動相關的腦區在打哈欠時確實活化了[106]；不過這些區域（給想知道得更清楚的人，那是布洛德曼第九區，特別是額葉下回〔inferiore frontale Gyrus〕右側）是和其他腦區（例如多次提到的前額葉皮質）一起合作的。至於這實際上代表什麼，我們不知道——我們對鏡像神經元的真正性質知道的還太少。

打哈欠絕對不是單純的模仿，這行為涉及了對眼前這個人的評估，所以需要更高的認知能力：愈是陌生的人，你愈不可能跟著打哈欠，因為情感關係決定你感染打哈欠的可能程度[107]。可是這也代表，如果比起感染自己家裡的親人，你更容易早上在火車上感染同車的人打哈欠，那你和同車的人也許有更強的情感連結，只是你自己不知道；又或者，也許大家只是真的都很累。因為我聽說，很累也是打哈欠的原因之一，完全用不著鏡像神經元。

| 迷思 |

18

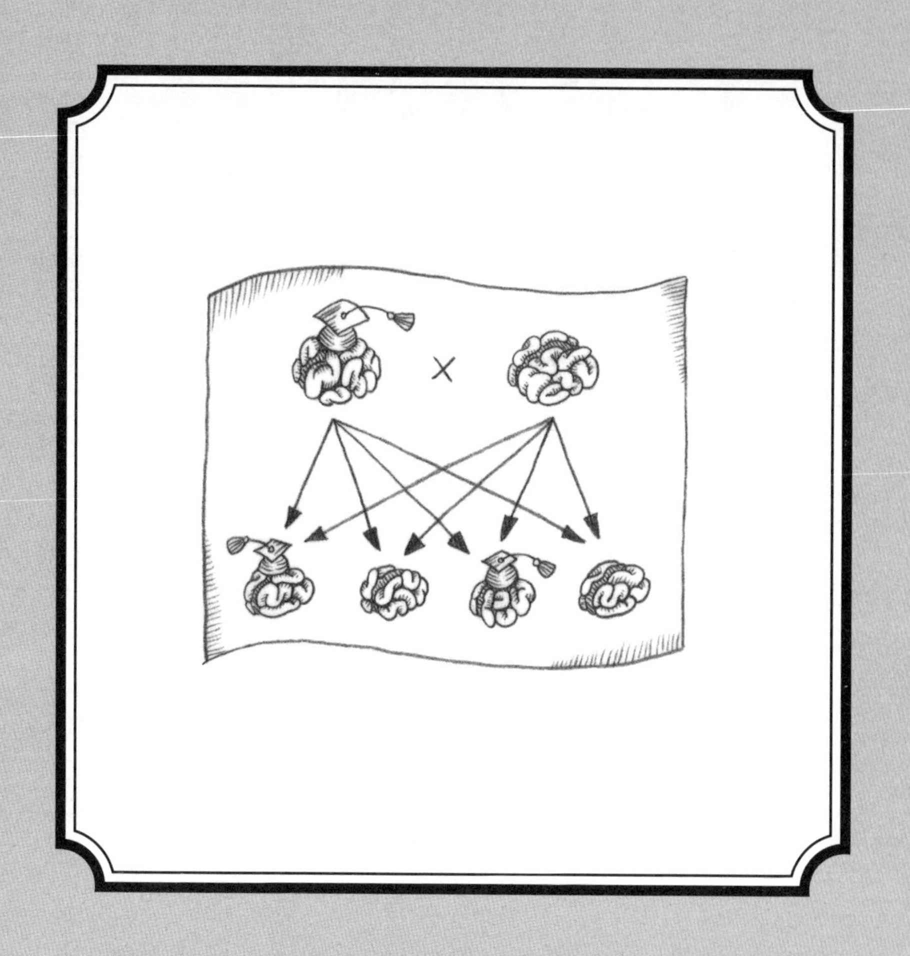

智力是天生的

我現在真的要走進一個政治地雷區了。身為神經生物學家，我實在不應該蹚這渾水，可是社會議題的討論有時需要實事求是的科學介入，否則會完全流於民粹主義的論戰。畢竟這事關一個棘手的問題：我們的智力到底有多少比例來自遺傳。

這是一個非常危險的領域，人很容易就在當中粉身碎骨：有一派人認為，智力主要是由環境決定，教育對我們腦力的影響比基因大。另一派則主張，智力的差異主要來自遺傳。聰明的父母通常也有聰明的孩子，不管教育條件如何。

討論這個很敏感，因為它經常為了政治目的而遭到濫用。「智力有六〇%來自遺傳！」人們常這麼說，雖然他們並不知道這句話真正的意義。我這裡指的是那些讓社會變得無知的半調子知識份子，這種人愈來愈多了。或者相反，是環境，那些惡劣的「新媒體」讓我們降低了智力，愈來愈笨。我們的智力受到來自四面八方的威脅。各界派出基因和環境輪番上場，想用過度渲染的說法來吸引大眾的注意力（或者只是為了讓自己的書賣得更好）。

因此在這裡，我想實事求是地從科學角度澄清一下智力的遺傳這檔子事。盡可能不要激起論戰，但是同樣精彩刺激。

一個含糊不清的概念

「智力」（Intelligenz）的概念本身就有爭議。要定義智力，絕對不如人們所想的那麼簡單。因為「智力」出現在很多地方：情緒智力、社交智力，語言的、音樂的、空間的、數學的智力，甚至還有運動和文化的智力。多方便呀，如此一來，我們所有人（不只是小孩子）在某一方面都是非凡的——覺得自己哪裡落後別人，只要動腦用力想，就能找到自己的其他「強項」。就連想精確定義一切的科學家，也覺得定義智力這個概念困難重重。一個流行的說法是：「智力就是智力測驗所測量出的能力[108]。」這是美國心理學家艾德溫．波林（Edwin Boring）在一九二三年所提出。這個說法經常受到人們的誤解，因為波林的意思並不是，你說智力是什麼，它就是什麼；他自己同時也提到，智力應該是「可測量的能力」，可藉由精確設計的測驗測得。只不過，我們必須同意那個標準化的程序。

但一切當然沒那麼容易，九〇年代末期，五十二位頂尖的科學家只得到這樣的共識：智力是一種「非常一般性的能力」，其中包括判斷、計畫、解決問題、抽象思考、了解複雜思想、快速學習，以及從經驗中學習的能力[109]。啊！大概沒有比這更不明確的定義了！

總之，智力顯然包含了思考過程的許多面向，而透過嚴謹的測驗程序我們可以研究這些面向。因此，我們可以靠智力測驗來測量某些認知能力，例如：推理、空間思維、記憶、工作速度以及語言能力。

但是這也意謂著，很多一般人口中的智力（例如情緒智力、社交智力、身體智力、心靈智力等）雖然可以拿來寫成暢銷書，但在科學上卻站不住腳也無法驗證。想從神經生物學的角度來分析智力，一般會侷限在認知特性上，例如模式識別、空間想像能力，或是記憶力。就某種程度來說，智力是衡量解決問題能力的指標。

尋找一般智力因素（g-factor）

想像一下，你正在做智力測驗，得回答一個文字問題，例如：從四個名字（尤爾根·德魯斯、米基·克勞斯、米夏爾·溫德樂[13]、路德維希·范·貝多芬）裡頭，找出一個不屬於該群組的名字。為什麼這題你表現得比一般人好？因為你喜歡這類具體的問題？因為基本上，你答文字問題比解數學題厲害？因為你整體而言比較聰明？或者，類似的題目你已經做過很多遍、有練過？科學會說，解題能力是上述全部的綜合[110]。

研究過「腦是由模組組成」迷思（本書中的迷思三）的人都知道，腦部確實有特定的中樞來專門處理具體的任務（例如語言中樞）。從迷思九我們已經知道，腦力訓練對加強腦子的一般性能力沒什麼幫助，但是絕對可以用來訓練某些具體技能。所以練習和經驗的確可以在智力測驗中產生影響，但是我們也不能高估其影響力。

關鍵在於腦部神經網絡的運作方式（因為很重要，所以我在每一章幾乎都會強調一次），所以想當然爾，人們在智力測驗中也發現了一些令人興奮的事實。你也許會以為，回答前述這類名字題目時表現傑出的人，在3D立方體旋轉的題目未必會表現得很好。但事實上，測驗發現，聰明的人在不同的領域都有同樣好的表現（例如空間、語言、數學）。各領域的表現的確彼此相關。由此可見，在某種意義上，智力代表的是腦子能夠完成各種任務的能力。這些不同領域之間的相關性（例如數學和語言之間）是藉由所謂的「一般智力因素」測得。目前科學界認可「一般智力因素」是衡量「一般智力」的標準，因為只要測驗的領域夠廣（不是網路上不知道哪來的快速測驗），一般智力因素得到的結果有很高的再現性。

由此可知，智力是由很多面向共同構成的，通常測驗會先分開研究各面向，之後再把個別的測驗結果放在一起看，構成此人的完整ＩＱ。而這裡會變得特別棘手，因為很容易

⑬尤爾根．德魯斯（Jürgen Drews）、米基．克勞斯（Mickie Krause）、米夏爾．溫德樂（Michael Wendler）都是德國人耳熟能詳的流行歌手。

造成人們的誤解。

因為其他人我們才變聰明

問個很簡單的問題：如果現在要你做一個智力測驗，成績會如何？我認為，我的讀者會高於平均值（夠諂媚吧！），所以你們的ＩＱ大概落在一三〇左右。如果同樣的測驗你一、二十年前就已經做過了，那現在的結果又會是如何？

做智力測驗時，就算你現在所有問題都回答得跟當時一模一樣，今天得到的ＩＱ分數還是可能跟當時不同。因為你的ＩＱ不只取決於你個人的測驗結果，其他參與同一個測驗的人得到的分數也很重要。

換句話說，智力不是人們可以在自然界中找到、並立刻確定的絕對數值。如果我站在一棵樹的旁邊，我可以拿捲尺去量樹幹的周長，然後說：「這棵樹的周長是一三〇公分。」如果我站在你旁邊，讓你做一個智力測驗，我沒有辦法立刻說，你的智商是一三〇。我還必須知道其他人的測驗結果，因為智商是一個相對的數值。

要斷定你智力的高低，必須要有足夠數量的受試者接受測驗（也就是，必須具備統計上的合理性），而且受試的條件必須相同。現在，不管個別受試者的絕對測驗成績為何，我們要將所有人的測驗結果平均，然後標準化成一〇〇。如果得出你的ＩＱ是一三〇，那並不代表你絕對聰明，你只是比其他九七．五％做了同樣測驗的人聰明。

這就像足球。人外有人，天外有天。沒有任何隊伍是絕對的最厲害，而是永遠只能比眼前的對手好。就算拜仁慕尼黑隊接下來五十年都拿德國足球冠軍賽的冠軍，也不代表它是一支絕對完美的足球隊，它只是比聯盟的其他球隊厲害。再說，也有可能是別的球隊踢得實在太爛，所以要贏也不難。山中無老虎，猴子就可以稱大王了。

重要的是那個可以用來比較測驗結果的總體（Grundgesamtheit）。例如對德國人來說，比較的對象就是德國的總人口。有意思的是，這個比較總體的智力水平會改變。自一九三〇年代以來，西方國家總人口的智力水平每十年上升三至六分。這意謂著，你今天的智力測驗拿一三〇，在一九六〇年（答對一樣多題數的你）智商大約就是一五〇。

這種現象我們稱之為「弗林效應」（Flynn-Effekt），這詞是根據美國智力研究者詹姆士．弗林（James Flynn）來命名的[111]。造成此效應的原因仍不清楚，究竟是因為營養／健康改善、教育程度提高、父母的教育程度提高，或互動式媒體出現，科學界對此意見不一，不過近幾年來，這個效應有減弱的趨勢。

雙胞胎的智力

如果根據弗林效應，大眾的智力水平在短短幾年內明顯（快速）升高，那麼應該如何用基因來解釋呢？畢竟，在人類演化過程中，要讓遺傳特徵永久改變，並且在一個總體中明顯形成，就算不需要幾百萬年，也需要幾千年的時間。

遺傳物質對智力的影響究竟有多大？細胞中遺傳訊息的載體DNA，畢竟只能為七五〇MB的數據編碼，幾乎不足以用來解釋腦部結構中多得不可思議的可能性。

為了弄清楚遺傳對智力的影響有多大，科學家特別進行了雙胞胎的研究。他們根據的是一個很簡單的原則：如果兩個同卵雙胞胎（基因完全相同）在完全不同的環境下長大，所有的共同點（例如，和智力有關的部分）必然是基因決定的。差異則完全是由於環境不同所導致。結果真的發現：在成人身上，智力的遺傳占比大約是七〇%[112]。相當驚人，有人可能會認為，基因的確是最重要的。

真正的遺傳性是什麼

等等！等等！不要太早下結論，我要先解釋一下「遺傳性」這個概念在智力上的意義。「我的智力七〇%由基因決定」，當然不代表當你IQ一〇〇時，七十分來自遺傳，三十分來自環境。這絕對是無稽之談。

「遺傳性」更確切地說是，兩個人之間差異明顯形成時，遺傳物質涉及的程度。基因對人類智力的影響程度有多大，在科學上根本無法確定。畢竟依照定義，智力也不是絕對，而是相對的。

這非常複雜，所以我用一個思考實驗來說明：想像一下，現在有兩個不同的人（不是雙胞胎，不是兄弟姐妹）在完全相同的條件下長大。這在現實中雖然不可能發生，但我們可以藉此釐清一件事：後來在這兩人身上測得的智力差異，必然都是基因決定的，因為環境條件（家庭、朋友、所有的感官刺激）都依據先前所定義的那樣，維持完全相同。如果甲的智力測驗結果比乙多十分，那麼這個差異百分之百可以歸咎給基因——也就是說，在此情況下，智力的遺傳性是百分之百。可是在智力形成過程中，基因的絕對比重有多高，我們並不確定，因為環境條件的影響仍舊存在。因此，我們不知道一個人的智商到底如何形成，而且也無法以科學方法研究。

總而言之，忘記「智力七〇%由基因決定」這類的說法，正確說法應該是：「來自同一個測驗統計人口中的兩個人，其智力差異有七〇%由基因控制！」可惜這聽起來沒賣點，你不會把它印在書封上，因為不是很容易懂。從科學的角度來看，智力無疑是高度遺傳的。然而，「遺傳」在這裡不表示「命中注定」，而是解釋了人與人之間的差異某種程度從何而來。是的，基因對智力有影響，但就算是基因，也並非我們所背負無法改變的命運。

遺傳物質就像是食譜

基因就像是建造說明書，它的諸多功能之一是，細胞可以利用它來產生蛋白質構成分子。就像食譜書上有食譜，遺傳基因就位在每個細胞核的ＤＮＡ上。細胞幾乎可以藉由基因建造出它所需的一切：固定突觸所需的結構分子、製造神經傳導物質時需要的酵素、釋放神經傳導物質時需要的輔助蛋白質。你可能認為，在細胞裡（還有在腦中）可能發生的一切都由基因決定。但是這種想法錯了！

我的廚房裡有一個放滿食譜的書架，種類包含麵食、沙拉、湯類，甚至還有我為學生寫的食譜。常用的那些擺在前面，因為這樣對我來說比較順手。有些我很少看，就放在後面角落。要煮什麼不是由我一個人決定，如果妹妹來找我，我們通常會吃麵，所以麵食的食譜就放在很前面。

基因的情況也很類似：其重要性取決於細胞是否容易取得它、讀取其中的訊息。所謂「容易取得」是指，DNA（總共兩公尺長）不要糾纏得太緊，基因最好保持敞開、方便細胞的讀取機制辨認。就像在我的廚房裡，環境（也就是我妹）決定我們要做什麼菜，環境因素也會影響基因的活動。

除此之外，煮出來的義大利麵成品（或人類的智力）並非單純由食譜（基因）來決定，食材也很重要。義大利麵和德國的蛋麵不一樣，所以做出來的味道也會不一樣。就智力來說，我們還不知道需要的材料究竟有哪些——更不要說，要用多長的時間和怎麼樣去「烹調」才行。遺傳物質也許可以指導細胞製造出特定的蛋白質，但是，尋找智力基因，或者至少一組對智力形成很重要的基因，是沒有意義的。和基因，以及藉由該基因形成的蛋白質同等重要的是，何時何地、以及這些蛋白質如何共同發揮作用。

這個研究基因和環境如何交互作用的嶄新研究領域，我們稱之為「表觀遺傳學」（Epigenetik），它闡明了為什麼嚴格區分環境和遺傳特徵是沒有意義的。關於智力的形成，環境和基因會互相影響。神經細胞可以對外在的刺激產生反應，而有些基因特別清楚，當然容易讀取。相反的，基因也可以藏在DNA分子的深處。

所以請你告別「基因加環境等於智力」這個簡單的公式。基因和環境是動態的交互作用。

一個假議題

綜合以上所言，公眾對遺傳和智力的激烈爭論其實沒有太大意義。因為智力發展無疑深受基因影響，但是這並不代表，我們已經了解一顆聰明的腦子是怎麼發展出來的，還有影響發展的重要因素是什麼。終究兩造說法都不正確，無論基因或環境，個別都不是智力發展的關鍵。把兩個因素分開來看沒有意義，因為兩者會彼此影響。環境可以操縱基因的活動，同樣的，基因也可以影響環境。

在科學上，智力確實可以測量，但得到的不是絕對的數值，必須和其他受試者的測驗結果做比較才有意義。那是統計決定的數值，所以理解起來有點費事。我很高興你現在把這章也看完了，這樣至少證明了你夠聰明，能夠不再被這麼一個複雜的智力迷思困住。有這樣的讀者，我感到很自豪。

| 迷思 |

19

少壯不努力，老大徒傷悲

最近，我在曼海姆市（Mannheim）逛街時，看到一件讓我非常驚訝的事。在我前面的兩個七歲小傢伙，拿著手機，以高超的技巧狂發短訊。相隔不久，我又看到一個截然不同的畫面：我和我爸碰頭，他笨手笨腳地虐待自己的手機螢幕。一個活生生的例子，年紀大的人沒辦法學新東西，我是這麼想的。

確實，一般都認為，年紀愈大學習新技能愈困難。「少壯不努力，老大徒傷悲。」這句警世名言是有道理的，所以你們這些年輕人可聽好了，千萬不要錯過學習法語、薩克斯風，或投擲鏈球的關鍵期。一旦小時候錯過了，長大了要想追上，可要花費九牛二虎之力。

「期限」（Zeitfenster）一詞經常拿來形容，你可能只有一個短暫的時期能夠學會某些技能。小孩子的腦（吸收能力像海綿一樣）幾乎可以學會任何東西，但是關鍵期一旦過去，就太遲了！錯失機會，成年之後就再也沒辦法迎頭趕上了。

前景黯淡，你可能會這麼認為。可是這迷思錯在哪裡？年長者學習能力就一定差，小孩子才是萬能的學習機器嗎？真的有所謂的「學習關鍵期」？如果有，成人是否就真的毫無希望了？我爸有沒有可能快速學會如何在臉書上發布沒用的動態消息啊？

語言的大錘

人幾乎還沒真的出生到這世上，腦子就有很多事得做了：剛才還在媽媽子宮裡，和外面的世界隔離，也許看得到一些紅色的光點刺激，或聽到低沉的雜音；然後，突然有了完整的聲音、影像、嗅覺、味覺和觸覺。這對腦子而言代表了，它必須了解概況，區分重要和不重要的事情。人在長大成人、有能力拓展自己精神世界的視野之前，腦子得要先能區分精神世界和自己所屬的世界。而這正是人剛出生幾個月發生的事情，這段時間對腦部發展十分重要。

在生命之初，腦的吸收能力確實特別強，因為它還沒有受到我們隨著時間所收集到的各種資訊干擾。此時，神經細胞之間的連結也特別強，所以可以形成數量驚人的活化模式，並且對外來的刺激做出適當反應。神經網絡的結構，會根據它得處理哪些外來刺激而改變（這點非常重要，所以我一再重複）。剛出生的頭幾年很關鍵，許多神經細胞之間的連結會被切斷。這些修剪大大提高了神經網絡的效率，因為一直沒有使用的就可以不要了。這些無效神經連結的消失，可以讓神經網絡更有可塑性，並且在年少時有極佳的學習成果。

這點從語言發展可以看得特別明顯。語言發展是一個驚人的過程，沒有生字簿、期中考試和積極的老師，腦仍舊可以學會任何一種、甚至兩種語言，而且完全沒有口音。這並不是苦學一種新語言這麼簡單而已，而是要先建立辨別和處理語言模式的基礎結構。所以，在你想像「大錘」是什麼，並且翻譯成另一種語言之前，你的腦子必須先知道那是一個詞。

首先，腦必須懂得區別不同的聲音。雖然世界上有數千種語言，但是構成這些語言的只有七十多種不同的聲音。嬰兒在最初六個月，不會去區分這些不同語言的不同組成元素，原則上，他們能夠學習任何語言。不過，情況很快就有了變化。因為父母親經常使用同一種語言對寶寶說話，八個月後，寶寶就能辨識出將會成為他母語的語音[113]。其他不常使用的語音元素，寶寶就愈來愈不會有反應。

擷取語言模式、識別聲音、自己產生語言，這些完全發生得自然而然，不需要特別訓練。學會語言的能力是與生俱來的，而且，人會以最快的速度應用這份能力。不過，人一生中似乎只有一次機會學會一種（或兩三種）母語。關鍵期會在何時結束，我們還不完全清楚，但是最晚過了青春期，新學到的語言就不會像母語一樣了。這點差異甚至是看得見的，因為處理第二語言時，腦子會活化在處理母語時似乎沒有必要活化的其他腦區[114]。也就是說，語言中樞必須藉助外部的協助，才能處理第二語言。

未開發的新大腦

這並不代表，年紀大的人學習新語言，就一定沒辦法達到沒有口音的程度，但是年紀大的人學習外語就是和小孩子不一樣。小孩子還完全沒有語言概念，必須從零開始。嬰兒的神經網絡處理所有的模式一視同仁。隨著時間過去，嬰兒愈來愈常接觸同一個語言模式（字詞、速度、聲調高低）。可想而知，腦部有些活化模式會比較常出現，於是神經網絡的結構改變了，變得更有利於處理這些語言模式。就某種程度而言，腦子不再像是一張白紙，而是變得偏好處理某些資訊。所以，腦子處理母語的方式和二十歲才學的外語完全不一樣。

另外，隨著時間推移，腦會逐漸將注意力集中在某些模式上，一個很好例子是人臉的辨識。剛出生的嬰兒不會分辨人類的臉和猴子的臉，一直到大約六個月，他們對人臉的注意程度才會明顯多於猴子的臉。這也就是為什麼我們成人覺得所有猴子都長得一樣的原因。慢慢的，我們甚至會特別能夠分辨屬於自己文化的人種面孔。例如西方人就很難分辨中國人和韓國人的長相。反之亦然，中歐人對日本人來說都長得一樣。但是在國外住久了的人就知道，那些原本看起來都很像的外國人面孔，到後來也慢慢能分辨出其中的差異。

這特別說明了一件事。腦子在發展過程中，會學著辨認並快速處理（聽覺或視覺）模式，而且沒錯，這階段的確有敏感期。但只有非常少數的情況（例如學會基本的語言能力）是只有一次學會的機會。所以不要相信那些「關鍵期一過就沒機會」的說法，都是誤導人的。其實沒有所謂「期限」這回事，只要有新資訊進來，成人的腦仍舊可以學習新的語言或動作。小時候沒學的，長大了還是有希望。只是學習的方式和小時候不一樣罷了。

老年人的腦部活動

然而，腦部結構確實會隨著年紀改變，而且不一定往有利的方向——腦部會萎縮[115]，腦區之間的連結也同樣會變少[116]。年長者的腦子處理資訊的方式似乎也和年輕人不同。在研究老年受試者（對科學家來說，所謂的老年通常是指六十五歲以上）的腦部活動時，人們可以看到，老年受試者解決問題時會動用年輕受試者（二十歲）不會特別用到的區域。在測驗記憶的題目中（例如記住單字），老年人的前額葉皮質會特別活躍，而年輕人解決同樣的記憶題目時，則是後腦的區域特別活躍[117]。所謂「由後向前轉移式的老化」（posterior-anterior shift with aging，簡稱PASA）指的就是這樣的模式。

這類腦部活動的研究，通常都是利用第一章提到的功能性磁振造影來進行。此處面臨的問題還是一樣——那些大腦活動產生的圖像究竟代表什麼，我們不知道。目前，科學家把「老年人活化的腦部範圍較大」的現象解釋為「補償效應」。因為年長者腦子的運作效率和處理速度會衰退，所以就連應付簡單的任務也必須活化較大的區域。相反的，年輕人活化較小的神經網絡，就能有效、迅速地解決同樣的任務了[118]。

條條大路通羅馬

話雖如此，年長者的腦袋必須動用更多腦區來解決問題，也未必是缺點。如果要你在三十秒內，每兩秒記住一個單字，基本上有兩個方法可辦到：你可以透過讓腦部的活化模式保持活化狀態，來存住單字「本身」。這很累人，而且前額葉皮質得盡可能長時間將單字留在意識中。你愈年輕，愈容易辦到。不過，你還有另一個策略可選擇：你的字彙量愈大，就愈能夠把必須記住的單字和其他字彙或記憶連結在一起。而其他字彙和記憶，會擴大要記住的單字在你腦中啟動的活化模式（順帶一提，那些擁有超強記憶力的記憶專家也是採取這樣的策略）。如果你還記得自己的初吻是發生在公園長椅上，那麼，你在記憶力測驗中就不太可能會忘記「公園長椅」（Parkbank）這個德文單字了。

結論是，以上兩種方法都可以達到記住單字的目標。而且這是測得出來的，因為在前述的記憶測驗中，成績好壞主要取決於活化的字彙量，年紀並不重要[119]。在某種程度上，老年人所累積的經驗足以和年輕人的效率和速度平分秋色。

除此之外，我們也不要低估腦的學習能力，不管年紀有多大。而且，如果願意接受新挑戰（例如，確實地練習背單字），腦其實可以回春到「年輕時的」活化模式，不必額外活化其他區域來幫忙完成簡單的任務[120]。這是因為，腦終生都有可塑性，而且適應力很強。

老年學習

神經生物學家以健康的老年人作為研究對象，是這幾年才開始的事。以往，研究者經常是把注意力放在和老化有關的病變：失智症、阿茲海默症、帕金森氏症等等。這些都非常重要，也很吸引人（還能提高科學研究計畫獲得資助的機會）；可是研究健康老年人的腦子究竟如何運作，也同樣有趣。

人們在這當中發現了許多令人驚訝的事。長期以來，人們總是假設老年人的腦已經不可逆轉地衰退，因此幾乎沒有辦法學習新事物，這是謬論。當然，一個八十歲的老年人不會只因為玩了一些記憶遊戲，就立刻返老還童。但實際上，腦有驚人的適應能力，甚至連雜耍這類的複雜運動動作，也都還能學。三個月的練習，就足以讓一個五十歲的人熟練地在空中拋耍三顆球。二十歲的人可能學得快些，但結果是一樣的。此外，有趣的是，經過這樣的練習，年長受試者的腦子也會產生結構性的變化。海馬迴（記憶大師）和視覺中樞的大腦皮質質量會增加，獎勵中樞（你還記得「伏隔核」吧）也會變大[121]。因此年長者的腦子絕對不是等著被拆除的破舊建築。它可以像學生的腦子一樣成長——也許成長得沒那麼迅速，但是同樣充滿樂趣。

老年人的腦部結構仍然保有很強的可塑性，這點也可從一個大量使用語言的人身上看到，而且如果會說的語言不只一種，似乎愈好。例如，一個七十歲會說兩種語言的人，前、後腦之間和左、右腦之間的連結都比只說一種語言的人好[122]。前者神經纖維較粗，不同的腦區可能因而合作起來更有效率。縱使這類研究結果要轉化為現實應用很困難，但這還是值得一提：一個會雙語的腦袋即使到了老年，還是保持較佳的功能，在注意力和反應力測驗的表現，都比只說一種語言的人出色[123]。

小孩和成人

所以說，絕對不要低估一個成熟神經網絡的能力。它也許會隨著年紀而變老，但是資訊處理速度變慢的問題，通常可以利用特別擴大的網絡連結來補救。可塑性甚至保持到高齡，一直到生命盡頭都還能適應每個新刺激。

現在我們知道，小時候沒學會的，長大了還是可以學。也許需要的時間會長一點，但原則上，年紀大了才學一種新語言或樂器，卻學得跟年輕時一樣好並非天方夜譚。當然我還是必須坦白說，如果你六十歲才學拉小提琴，要成為技藝高超的名家是不可能的。至於學會一種或多種母語，人一輩子也只有一次機會。但無論如何，學習新技能是很有趣的事。這裡還是一樣的原則：腦部的活化模式範圍愈大，學習的效果愈能持久。你可以多玩動腦的遊戲。

還有一點也很清楚，儘管成人原則上可以學習新資訊，但學習方式就是和小孩的不同。剛出生的那幾年，腦特別好奇，處理新資訊完全沒有條件限制。新單字？新動作？很簡單，就是試試看，沒什麼好丟臉的。

隨著年紀漸長，腦也會跟著變老，新資訊（新的活化模式）會對既有的神經網絡結構構成挑戰，因為每個外來的新資訊都必須整合到既有的神經網絡結構中，所以腦子第一步會先檢查這則資訊是否有意義。因此，年長者看待問題的角度和年輕人不一樣，也許不再那麼天真沒有成見。然而，年長者利用自己多年來訓練有素的神經網絡，根據經驗和所知，將資訊快速整理分類，並且連結廣大的腦子各區，然後更適切地判斷哪些值得學習、哪些不值得。

不要猶豫嘗試新的東西，不管你的年紀多大，腦是有可塑性的，而且充滿動力，永遠都在適應外界環境。老年人腦部萎縮不是藉口，雖然這聽起來很嚴重，但事實上沒那麼糟，只要是健康的老化過程，沒有失智症或其他類似疾病，腦子會用有效且不斷改良的神經網絡來抗衡。

這是我親身的體驗，因為我爸現在玩手機已經很厲害了——他不只會一直拍美食和雲朵變化，也能把照片上傳到臉書。但是身為一個研究神經生物學的專家，我當然知道，他的人生經驗（呈現在他的神經網絡結構中）很快就會制止他這個新學會、可是很煩人的壞習慣……吧。希望如此！

| 迷思 |

20

腦研究將解釋人類心智

我非常希望這是真的。畢竟，我是信心滿滿地決定走入神經科學這個領域的。而且，我仍舊認為腦研究很棒！它的承諾十分遠大——它將破解人類的終極奧祕，甚至可以說是最重要的問題，那就是，人類的心智是什麼？或者，意識如何產生？

真是太了不起了！這是多麼重要的問題。因為人類的心智是一切知識的源頭：宇宙由什麼構成、生命如何形成、誰會贏得歐洲歌唱大賽冠軍——沒有人類的意識，這些問題就不會有人提出，也不會有人回答。你問一隻螞蟻試試（牠很可能沒有意識），牠才不理會這些事。

幾千年來，哲學家和心理學家為這問題想破腦袋——一切是白做工。因為現在我們知道：設備很重要！有了昂貴的腦部掃描器、最先進的生化實驗方法，和出色的3D模擬動畫圖，意識問題的相關研究開啟了一條嶄新的道路。大家注意了，腦研究來了，而且它承諾要破解「腦神經編碼」！

除此之外，腦研究不只侷限在生物學上。今天，腦科學無所不在，因為生活中不能一刻無腦。再說了，我們腦子裡發生的事，還有誰能比腦研究專家解釋得更好呢？這也就是神經科學到處萌芽的原因：神經行銷學、神經經濟學、神經社會學、神經倫理學、神經財經學、神經修辭學。名單可以不斷加長，這告訴我們一件事：所有東西只要加上「神經」

二字，不只會變得很酷，而且一聽就很有科學根據。

然而，腦研究到底能帶來什麼？我們真的很快就能夠了解人類的意識了嗎？我們還需要心靈哲學（Philosophie des Geistes）和研究大腦的心理學嗎？還是說，腦研究再過不久就可以解釋一切了？

腦研究本身

腦研究是目前最熱門的自然科學之一，光是二〇一三年，就有超過八萬份跟腦有關的科學出版品。一個勤奮的腦科學專家，就算他有很多實習生加研究助理幫忙（很不幸，這種情況很少見），也很難掌握全貌。此外，神經科學學會（Society for Neuroscience）年會上的狀況也很類似：一個人要在五天之內，吸收一萬五千份不同的研究結果和最新發現，腦袋很快就會到達極限。不過無論如何，每兩年在加州聖地牙哥舉行一次的年會還是帶來了很多樂趣（也殺死了不少腦細胞）。

腦研究雖然看起來都很像，但實際上是許多不同學科的混合。不要認為腦研究只有一種，因為每個人根據個別學科，所研究的東西都不一樣。我舉個例子你就懂了：這張彩色的功能性磁振造影圖，顯示的是正在思考的大腦。核磁共振器是由放射科醫師操作，實驗可能是由心理學家設計的，圖像的加工處理則往往需要電腦工程師，同時，還需要有實習生和助理負責完成煩人的實驗室工作、分類整理紀錄，以及煮咖啡。至於圖像的意義，具解剖學知識的神經生物學家必須和心理學家一起才能正確判讀。所以這是由一群專家共同參與的神經科學實驗。

腦研究需要團隊合作。神經生物學家研究神經細胞的電學特性，組織學家研究組織結構，解剖學家研究腦部結構，細胞生物學家研究神經細胞和神經膠細胞的功能，分子生物學家研究細胞內蛋白質的相互作用，遺傳學家研究基本的基因程序，資訊專家模擬神經網絡，認知科學家研究腦的資訊處理，神經科醫生想要了解並且治療神經系統的病變。最後，三萬個專家齊聚一堂，在一個星期內交換自己的研究成果。這至少和腦袋本身一樣混亂。

所以，「腦研究專家」是個泛稱，就像音樂家和運動員，因為沒有人能夠全面地研究腦子、了解腦子。幾百年前，也許還有像達文西那樣的通才，他們或多或少獨自一人鑽研某個科學領域。這樣的時代已經過去了。千萬別認為，哪一天會有哪個腦研究專家站在媒體前面宣稱：「今天，我已經發現腦是如何產生意識的了。」這就像，你要求漢諾威96⑭

的教練必須讓球隊贏得所有歐洲足球聯盟的冠軍。

所以，不要對腦研究有太多期待，重點是它與其他學科的交界處產生的東西。神經科學絕對沒有比其他學科重要，或比其他學科有價值。只是研究問題時的角度不同而已。它的研究結果也必須和其他學科一樣接受嚴格的檢驗。我在本書應該已經多次說明了。

心智（Geist）

本書也許已經在很多地方讓你不再有幻想（但願如此），現在我也不怕說出最後的真話：神經科學也會踢到鐵板！而那湊巧就是神經科學被拿來解釋複雜哲學問題的時候。神經科學家想要了解我們的腦，但單憑一己之力，他們無法解釋自我意識、人類心智，或自由意志如何作用。腦研究專家非常希望自己是對抗最後心智祕密的萬能武器，但他們並不是。只要看看這兩個特別受歡迎、一再扯上神經科學的研究問題就很明顯了：意識，和自由意志。

要確認意識其實很簡單：你叫一個人，他回答了，就表示他有意識。實驗有時候就是

⑭漢諾威96（Hannover 96）是德國漢諾威市的一個體育俱樂部，該俱樂部足球部門的職業足球隊，是德國足球甲級聯賽的出賽隊伍之一。

這麼簡單！聽起來不值一提，但是功能性磁振造影或腦波圖能辨識出的東西，其實也多不了多少。例如，我們知道，如果許多神經細胞群說好一起活化，並且每秒產生二十次新電場（專家稱之為「β波」），這時大腦就是處在有意識的狀態。如果再加上前額葉皮質的活動，一切就真相大白了：意識的神經生理基礎找到了，腦正在活化當中，例如正在閱讀一本關於他自己的有趣書籍。

但光是知道哪些腦區活化度增加（其他部分並沒有關掉，仍舊繼續努力工作），我們還是不了解意識是什麼。不只意識，我們對於感覺、記憶或動作控制也不了解。在所有這些過程中，我們都可以檢測到腦部的特定活動，但它們無助於更了解這些過程的細節。這裡有一個例子：想像一下，你必須跟一個盲人解釋藍色是什麼。你可以把所有關於藍色的資訊告訴他（波長四六七奈米，照度五百勒克司等等），你可以做種種比較，描述所有藍色出現的地方（天空、大海、凍僵的腳趾頭），但是你永遠無法傳達人看到藍色時的感覺。哲學家稱這個現象為「感質問題」（Qualia-Problem）——這個問題就算真有解決辦法，也不是光憑神經科學就能辦到。就如同你無法讓一個盲人了解藍色（雖然所有的資訊都有了），你也無法單憑幾張大腦掃描圖，就知道如何從活化的大腦中樞產生意識。

是的，有很多種模式可以解釋腦和意識（心智）的關係，但是它們幾乎都無法用實驗驗證。你要如何研究非物質的東西，例如一個人的感覺（或心智、靈魂）？腦研究是一個實作的科學，因此不適合回答哲學問題，例如人類心智的本質為何。當然我們可以說，在有意識地體驗事情時，前額葉皮質和前扣帶迴一定是活化的，但我們不知道，意識如何從這些腦部活動中產生，或者這些活動本身是否就是意識。

有關人類心智的問題，終究也不純粹是自然科學的問題。德文字 Geisteswissenschaft⑮是有道理的。還有其他像是資訊科學，它能夠將網絡如何處理資訊解釋得更好，還能解釋這樣的網絡（不管是人工或生物身上的）能不能產生心智。腦研究無疑替這些知識提供了套用在人腦上的生物學基礎，但光憑神經科學無法完全解釋腦的奧祕。如果能和其他學科聯手，也許就能挺進意識的核心。

意志

和人類意識緊密相連的是自由意志的問題。接下來的邏輯很清楚：如果我們腦中發生的事都是生物自然現象，那就表示腦部運作完全受制於自然法則，可以說是事先設定好

---

⑮德文的 Geisteswissenschaft 拆開來是 Geist（心智）和 Wissenschaft（科學），也就是研究心智的科學，指的是諸如哲學、歷史學、語言學、文學等人文科學。

了，那麼自由意志就不可能存在。如果徹底了解腦子，我們就可以準確地預測它的運作。

說到這個假設，人們通常會提及班傑明．利貝特（Benjamin Libet）一九八三年在舊金山進行的實驗[124]。他的實驗是這樣的：受試者坐在一個按鈕前面，這按鈕隨時可以按。前方還有一個有指針的計時器，每三秒轉一圈。現在，受試者必須記住，當他有意識地決定要按下按鈕時，指針指向哪個位置。結果令人驚訝的是，同時測量受試者的腦電流會發現，在受試者做出有意識的決定**之前**半秒鐘，就已經可以看出他們會做出按下按鈕的決定了（因為腦電流會顯示特殊的模式，即所謂的「準備電位」〔Bereitschaftspotenzial〕）。

這麼說來，所謂的自由意志並不存在，我們的意識落後在無意識的決定之後——顯然是已經做了的事我們才會想要做（而不是反過來）。在我們有意識要看《夢之船》電視影集之前，腦子老早就為我們決定好了。我們不過是「沒有自由意志的生物機器」，這是腦研究對我們人類的最後總結。然而，這樣的想法在現實生活中真的經得起考驗嗎？你可以揍你老闆的下巴一拳，然後宣布是丘腦皮質系統（thalamo-corticales System）和眼眶額葉皮質（orbitofrontalen Cortex）聯手觸發了這個無可避免的動作。這是個緊張刺激的腦研究社會實驗，祝你玩得開心！

然而，從利貝特的實驗結果，就得出「自由意識是一種幻想」的結論還太早。因為最近幾年的研究顯示，「準備電位」根本不能確定哪個行為會被啟動。如果受試者面前放置兩個不同的按鈕，並在他按下按鈕之前，透過光刺激來告知該按哪一個，準備電位會在此人得到指示刺激之前就已經啟動了[125]。所以說，準備電位不能決定行為的類型，它只是像神經起跑器一樣的東西：讓腦子處於活化狀態，可以立即做出決定。至於是什麼行為，或如何做出這樣的決定，我們並不知道。

這裡我們再次看到，一旦人們想拿科學實驗來解釋整個龐雜的哲學思考體系（例如自由意志），馬上就會過頭。事實上，關於「自由意志」，我們知道的不見得比「意識」多。我們並不清楚，在你意識到之前，複雜的行動決定究竟如何形成。這裡所談的，不是用神經生物學就能夠解釋的簡單反射動作。我們關心的是，那些需要大腦最高等的認知控制問題——例如，到底該看《夢之船》，還是《犯罪現場》？

此處，腦研究也一樣必須仰賴與其他學科的合作。我們不必因為知道人的心智歷程很可能有生理基礎，就立刻把刑法棄之不顧。哲學老早就知道，只要我們做決定時不是完全基於巧合，或迫於內外在的壓力，只要我們能夠表明自己是行動的啟動者，那就行了。當然，我們的神經網絡可能會以某種方式產生決定，但就算知道了其中細節，並不會對我們的社會結構造成多大的改變。因為一個社會並非只是將腦研究新知付諸實現而已。

腦神經知識的極限

目前，腦研究要測量複雜的心智過程（例如意識）仍然非常困難。其原因也有可能是使用的測量方法還不夠成熟。在這種情況下測量到的結果，就更容易被媒體濫用了。一張某個男士在觀賞《德國超級名模生死鬥》時的大腦快照，誰不感興趣？然而，這樣一張影像所能提供的資訊並沒有什麼重要的內容：這裡某個「中樞」比較活躍，那裡有幾個神經細胞叢比較安靜，從這類資訊讀不到此人腦袋裡的思想，也無法解讀其心智狀態。

所以可想而知，腦研究並不適合用來解釋為什麼我們相信上帝，或為什麼有人會犯罪。的確，這也不是神經科學家想做的（至少大部分神經科學家不想）。我在小學時學到一個簡單的原則：考試時，先回答簡單的問題，這會讓你得到最多的分數，用這樣的方式寫考卷，最後連最困難的部分也能迎刃而解。神經科學也應該這樣做——先解釋那些吸引人，又可以用具體實驗來研究的基本原則。

忘了「神經神學」或「神經倫理學」吧！我們絕對還沒有能力用初步，而且往往是非常簡單的實驗結果，來解釋複雜的社會結構。無庸置疑，神經科學提供了知識讓我們進一步了解腦子如何運作（或為何功能失常，本書已提供了足夠的例子），但過度詮釋、任媒體肆無忌憚地濫用腦研究，例如指定腦部某處是負責宗教的「神點」（Gotteszentrum）、拿來證明男人和女人的腦子就是不同，或者甚至據此主張改革刑法，都是荒謬且危險的。腦研究的確很棒，而且我仍舊深信，成為神經生物學家是正確的決定。就算撇開意識該如何解釋的問題，神經科學所探究的事物仍舊充滿了驚奇。現在我們很清楚知道，神經細胞之間如何彼此溝通，以及它們根據哪些原則來改變自己的結構。我們了解了，感官資訊的處理原則和運動脈衝的傳遞方式。我們也知道了腦如何發展，並且明白某些神經疾病的發展進程。

當然，未來還有很多研究得做。我們仍舊不清楚，為什麼阿茲海默症和多發性硬化症會發生，也不知道邊緣系統如何運作，或神經細胞和膠細胞的合作細節。我們在很多地方才剛開始有了更多的了解，例如，前額葉皮質在注意力和睡眠中扮演的角色，或小腦在動作控制中的作用。難怪很多神經科學的專業出版品總是明智地做出這樣含糊的結語：「我們已經進行了大量的研究，但是一切才剛剛起步。」——這是事實，總之，我們的使命是去了解大自然給予我們的最複雜的難題。

儘管我們所知有限，不管怎樣，要消弭那些最荒謬的腦傳說、偏見和半真半假的說法，已是綽綽有餘。因此，我真的希望能夠藉由本書澄清那些最受歡迎的腦神經迷思。這正是我應該為腦做的事。但願與腦神經相關的胡說八道能就夠此平息。

學習如何對抗腦神經迷思

大功告成……我澄清了人們對腦的誤解，把它從諸多不合理的傳說中解放出來，多麼重要的一件工作啊。腦神經迷思相當難解，我好不容易對付了二十一個不到。相信不久後，又會冒出下一個迷思，然後用一知半解的新知，把我們才剛釐清的樣貌弄得亂七八糟。不要輕易上當！保護自己！以下建議可以提供你方法對抗下一個腦神經迷思。

在輕信下一個迷思之前，請先問問自己：

它如何解釋腦？

大多數的腦神經迷思有一個很容易辨認的共同特徵：它易懂好記（例如，我們只使用了一〇％的大腦）。因為一個迷思要想生存，並且在大眾媒體上散播，就不能太過複雜。

遺憾的是，吸睛的解釋模型和比喻往往不符合事實。因為腦子的運作模式是獨一無二的。不像電腦，它沒有處理器或硬碟。它也不是「思考裝置」或「心智機器」。網路的概念也很誘人，但是容易產生誤會，人們傾向聯想到網際網路，但是腦處理資訊的方式根本不一樣。所以在書裡，雖然我為了幫助讀者理解腦，用了很多比喻和圖像，但是我不想創造出新的迷思，所以會立刻試著加以限制。

根據「愈簡單的解釋，愈容易錯」的經驗法則，你可以早早看出哪些說法容易成為腦神經迷思。所以對於醒目的比喻，你最好多看兩眼。「創意的右腦和邏輯的左腦」這樣的說法，如果能用像這樣的批判眼光檢視，就絕不會變得像現在這麼普遍了。

資訊是從哪裡來的？

如果你得到一些關於腦的新資訊，請先問問自己：這些資訊是從哪裡來的。可信的科學研究結果會在專業的期刊上發表，也就是所謂的「同行評審期刊」（peer review journals）。刊登在這種期刊上的論文不會是草率寫成的，每篇文章在刊登之前會經過外部科學家的審核。這位評審人通常會建議做進一步的實驗，對結論追根究柢，或要求修改實驗的設計。這些評審意見通常會匿名，所以完全只是針對實驗本身，而非個人。一項科學研究要通過這樣嚴謹的專家審核後，才能刊出。這當然不代表錯誤不會產生，或是不會有人故意作假欺騙。但這程序是能達到最大客觀性的最佳方法。

有時候，你只要看一下文章出自哪本期刊，就能判斷該研究的品質了。有些期刊很愛惜羽毛，對刊出的文章非常嚴格。例如《科學》（*Science*）和《自然》（*Nature*）對自然科學家而言，就是頂尖的投稿目標。另一個衡量一本期刊重要性的指標是「影響指數」，指數愈高代表愈重要。基本上，它指的是這本期刊中文章被引用的頻率——一篇文章愈常被其他科學家引用，表示它在科學界愈有份量（不過這當然不表示它百分之百正確，錯誤的文章也可能常被引用）。

這裡有一個簡單的例子，可以清楚解釋原始資料的選擇原則：如果想了解馬，我有兩份不同的雜誌可選：《溫蒂》（*Wendy*）或《莉西》（*Lissy*）。不過《溫蒂》比較多人提到，所以說，它的影響指數較高。但是如果你有留意我前面所說的，馬上就會察覺這兩份都是一般雜誌，不是「同行評審期刊」，因此它們都不適合當作科學論證時的引用和推導文獻。所以，你在本書末的參考書目中找不到《溫蒂》或《莉西》的文獻資料。

研究是如何進行的？

很多在媒體上流傳的訊息都有科學研究的根據，這比刊登隨隨便便的意見好。但是，並非所有的科學研究都有良好的品質。腦研究專家也只是人，所以最好還是看一下是什麼樣的實驗。

研究者應該要保持客觀，但是個人期望常常會阻礙研究者的客觀性，人常會想：「我想測量這個，就該出現有利的結果。」這就是所謂的偏差（bias），它說明了，測量和實驗設計事實上會受到潛在意識的影響。這很可能是無意的，而且沒有惡劣的意圖，人人都可能犯這種錯誤。如果好朋友拿一塊蛋糕請你吃，同時告訴你：「這是我媽媽烤的！」比起另一塊你看到他用一．五歐元在麵包店買來的蛋糕，你在吃的時候會有完全不同的期待。光是這點差異，就可以影響你的判斷，當你對蛋糕來源一無所知，它嚐起來的味道也會截然不同。

為了避免這樣的偏差，最好的方法就是「安慰劑雙盲對照研究」（placebokontrollierte Doppelblind-Studien）。安慰劑對照實驗是指，有兩組實驗，其中一組接受的是假的刺激。「學習類型」那章曾提過一個例子：一組在螢幕上練習具體的圖像謎題，另一組（安慰劑組）必須完成的任務則是看一系列圖像，但是不需要動腦筋分類。這是要避免光是實驗情境（受試者進入實驗室，得到必須完成某項任務的指令）就對實驗過程產生影響。而所謂「雙盲」則是指，受試者和實驗者都不知道哪一組是安慰劑組，這樣可以把研究者偏差降到最低。

然而，單一的科學研究成果意義不大。只有當其他的科學家重複該實驗後也得到相同的結果，這研究才有價值。因此，一併討論已經做過的實驗，並將其結果與新的實驗結果做比較的後設研究才特別有趣。這樣做也擴大了實驗組的數量：把五個人送進大腦掃瞄器很容易，評估腦力訓練對一萬一千人的影響，可就需要更高的花費了，但是說服力也會比較強。

所以注意了，下一次你在報紙上讀到一篇科學研究時，要先想到，只有能多次重複的實驗，才具有統計學上的可靠性。

誰會因而得利？

腦神經迷思之所以能夠傳播，是因為它易懂好記——又或者，是產業界有目的地推波助瀾。那些想推銷學習軟體或下一種「腦神經蔬菜」的企業，往往會以對他們有利的科學研究做根據。這非常危險，因為真正的科學應該是獨立的，也應該會發表出讓人不悅的結果。總之，一個接受企業贊助的研究，我們應該格外嚴格看待。

即使不是接受企業贊助的科學家，有時也會抵抗不了誘惑，想要發表引人注目的研究結果（又是偏差效應）。因此，在很多專業期刊上，關於男人腦和女人腦不同的研究報告很多，但兩者的共同之處卻很少有人研究並發表。不是因為沒有共同處，而是因為，大家希望自己的研究結果能登上聲譽卓著的期刊，而即使是對《自然》的編輯部而言，一個能證明腦部差異的研究，也比一個顯示所有腦袋的運作方式皆相同的研究令人印象深刻。

所以，不要被氾濫的科學研究出版品迷惑了，要注意發表的結果對什麼人特別有利。想要推銷某種產品或驚人觀點，通常就是第一個警訊。

非得扯上腦不可？

神經生物學是一門深具美感的科學。我承認，那些色彩繽紛的大腦圖和複雜的神經網絡圖讓人印象深刻。但是大家千萬不要被迷惑了，因為用色彩繽紛的圖像來說明的東西，不見得就是意義重大。

不幸的是，我們人類特別喜歡相信圖像所顯示的內容。這很合乎邏輯，因為腦不是用數字或文字，而是用模式和圖像來思考的。一張圖勝過千言萬語，所以不僅特別適合用來吸引人的注意力，還暗示了這資訊值得信任。所以下一個腦研究大突破的標題故事，一定會用一張彩色的大腦圖來點綴。而我們就會認為，這事一定特別重要，畢竟那壯觀的彩色圖片也是以精確的測量結果為依據。不要被壯觀的腦部插圖迷惑了。「如果你要展示的東西沒什麼內容，那就弄點顏色上去吧。」這玩笑話也許帶有幾分真實性。事實並不一定符合人們對彩色圖片的天真期待。

除此之外，也請問問自己，是不是所有事情都要用腦科學來解釋？神經科學非常新，以致常常被拿來解釋一些亂七八糟的東西。但是某些領域的東西，用腦研究來解釋並不一定更適合。科學研究成果向來顯得自信滿滿，但其實不是每次都得從腦科學的角度衡量——例如孩子的教養、宗教在「腦神經革命時代」是否還有意義，或者什麼是意識，這些的確不是腦研究者可以獨立解答的領域。

所以，在面對神經科學時，你大可以不用過於熱情。但這並不表示腦的魅力盡失。根據個人經驗，我可以說，即使用最嚴厲的批判眼光來檢視腦研究的進展，也不能改變我對腦的看法：腦仍舊是最酷、最令人興奮的器官。

參考書目

本書內容當然不是我自己憑空想像出來的，可靠的專業書籍已讓許多腦神經迷思站不住腳。覺得讀得不夠過癮的人，以下是我在本書中引用的學術性原始文獻、評論性文章，或者散播迷思的網路來源。

1 http://www.pm-magazin.de/r/mensch/ich-wei%C3%9F-was-du-denkst
2 http://www.handelsblatt.com/technologie/forschung-medizin/forschung-innovation/gehirnscan-fortschritte-beim-gedankenlesen/4655862.html
3 Kay KN et al. (2008) Identifying natural images from human brain activity, Nature, 452 (7185): 352-5
4 Rusconi E, Mitchener-Nissen T (2013) Prospects of functional magnetic resonance imaging as lie detector, Front Hum Neurosci., 7: 594
5 http://www.daserste.de/information/wissen-kultur/w-wie-wissen/sendung/einkauf-100.html
6 http://www.fastcompany.com/1731055/rise-neurocinema-how-hollywood-studios-harness-your-brainwaves-win-oscars
7 McClure SM et al. (2004) Neural correlates of behavioral preference for culturally familiar drinks, Neuron, 44 (2): 379-87

8 http://www.welt.de/print-welt/article424459/Hirn-Scanner-misst-die-Kauflust.html

9 Fachlich genauso korrekt und oft verwendet: Neurone. Klingt aber nicht so schön, deswegen bleibe ich in diesem Buch bei Neuronen.

10 http://www.spiegel.de/wissenschaft/mensch/mathe-zentrum-zur-erkennung-von-zahlen-im-gehirn-entdeckt-a-895115.htm

11 Bengtsson SL et al. (2007) Cortical regions involved in the generation of musical structures during improvisation in pianists, J Cogn Neurosci, 19 (5): 830-42

12 Knutson B et al. (2008) Nucleus accumbens activation mediates the influence of reward cues on financial risk taking, Neuroreport, 19 (5): 509-13

13 Xu X et al. (2012) Regional brain activity during early-stage intense romantic love predicted relationship outcomes after 40 months: an fMRI assessment, Neurosci Lett, 526 (1): 33-8

14 Sharot T et al. (2007) Neural mechanisms mediating optimism bias, Nature, 450 (7166): 102-5

15 Hommer DW et al. (2003) Amygdalar recruitment during anticipation of monetary rewards: an event-related fMRI study, Ann N Y Acad Sci, 985: 476-8

16 Lehne M et al. (2013) Tension-related activity in the orbitofrontal cortex and amygdala: an fMRI study with music, Soc Cogn Affect Neurosci, doi 10.1093

17 Cunningham WA, Kirkland T (2013) The joyful, yet balanced, amygdala: moderated responses to positive but not negative stimuli in trait happiness, Soc Cogn Affect Neurosci, doi 10.1093

18 Schreiber D et al. (2013) Red brain, blue brain: evaluative processes differ in Democrats and Republicans, PLoS One, 8 (2): e52970

19 Ko CH et al. (2009) Brain activities associated with gaming urge of online gaming addiction, J Psychiatr Res, 43 (7): 739-47

20 St-Pierre LS, Persinger MA (2006) Experimental facilitation of the sensed presence is predicted by the specific patterns of the applied magnetic fields, not by suggestibility: re-analyses of 19 experiments, Int J Neurosci, 116 (9): 1079-96
21 Acevedo BP, Aron A, Fisher HE, Brown LL (2012) Neural correlates of long-term intense romantic love, Soc Cogn Affect Neurosci, 7 (2): 145-59
22 Joseph R (1988) Dual mental functioning in a split-brain patient, J Clin Psychol, 44 (5): 770-9
23 Fink A et al. (2009) Brain correlates underlying creative thinking: EEG alpha activity in professional vs. novice dancers, Neuroimage, 46 (3): 854-62
24 Dietrich A, Kanso R (2010) A review of EEG, ERP, and neuroimaging studies of creativity and insight, Psychol Bull, 136 (5): 822-48
25 Singh H, W O'Boyle M (2004) Interhemispheric interaction during global-local processing in mathematically gifted adolescents, average-ability youth, and college students, Neuropsychology, 18 (2): 371-7
26 Nielsen JA et al. (2013) An evaluation of the left-brain vs. right-brain hypothesis with resting state functional connectivity magnetic resonance imaging, PLoS One, 8 (8): e71275
27 Smaers JB et al. (2012) Comparative analyses of evolutioa nary rates reveal different pathways to encephalization in bats, carnivorans, and primates, Proc Natl Acad Sci U S A, 109 (44): 18006-11
28 Falk D et al. (2013) The cerebral cortex of Albert Einstein: a description and preliminary analysis of unpublished photographs, Brain, 136 (Pt 4): 1304-27
29 McDaniel MA (2005) Big-brained people are smarter: A meta-analysis of the relationship between in vivo brain volume and intelligence, Intelligence, 33: 337-346
30 Narr KL et al. (2007) Relationships between IQ and

regional cortical gray matter thickness in healthy adults, Cereb Cortex, 17 (9): 2163-71

31 Navas-Sánchez FJ et al. (2013) White matter microstructure correlates of mathematical giftedness and intelligence quotient, Hum Brain Mapp, doi: 10.1002/hbm.22355

32 Haier RJ et al. (1988) Cortical glucose metabolic rate correlates of abstract reasoning and attention studied with positron emission tomography, Intelligence, 12, 199-217

33 Bushdid C et al. (2014) Humans can discriminate more than 1 trillion olfactory stimuli, Science, 343 (6177): 1370-2

34 Whitman MC, Greer CA (2009) Adult neurogenesis and the olfactory system, Prog Neurobiol, 89 (2): 162-75

35 Deng W et al. (2010) New neurons and new memories: how does adult hippocampal neurogenesis affect learning and memory?, Nat Rev Neurosci, 11 (5): 339-50

36 Pakkenberg B et al. (2003) Aging and the human neocortex, Exp Gerontol, 38 (1-2): 95-9

37 Crews FT, Boettiger CA (2009) Impulsivity, frontal lobes and risk for addiction, Pharmacol Biochem Behav, 93: 237-47

38 Nixon K, Crews FT (2002) Binge ethanol exposure decreases neurogenesis in adult rat hippocampus, J Neurochem, 83: 1087-93

39 Lipton ML et al. (2013) Soccer heading is associated with white matter microstructural and cognitive abnormalities, Radiology, 268 (3): 850-7

40 Vann Jones SA et al. (2014) Heading in football, long-term cognitive decline and dementia: evidence from screening retired professional footballers, Br J Sports Med, 48 (2): 159-61

41 Maynard ME, Leasure JL (2013) Exercise enhances hippocampal recovery following binge ethanol exposure, PLoS One, 8 (9): e76644

42 http://www.theatlantic.com/health/archive/2013/12/male-and-female-brains-really-are-built-differently/281962/
43 http://www.welt.de/wissenschaft/article122479662/Das-Frauenhirn-tickt-wirklich-anders.html
44 http://www.spiegel.de/wissenschaft/medizin/hirnforschung-maenner-und-frauen-sind-anders-verdrahtet-a-936865.html
45 Goldstein JM et al. (2001) Normal sexual dimorphism of the adult human brain assessed by in vivo magnetic resonance imaging, Cereb Cortex, 11 (6): 490-7
46 Luders E et al. (2006) Gender effects on cortical thickness and the influence of scaling, Hum Brain Mapp, 27 (4): 314-24
47 Luders E et al. (2004) Gender differences in cortical complexity, Nat Neurosci, 7 (8): 799-800
48 Ingalhalikar M et al. (2014) Sex differences in the structural connectome of the human brain., PNAS, 111 (2): 823-8
49 Jadva V et al. (2010) Infants' preferences for toys, colors, and shapes: sex differences and similarities, Arch Sex Behav, 39 (6): 1261-73
50 Hassett JM et al. (2008) Sex differences in rhesus monkey toy preferences parallel those of children, Horm Behav, 54 (3): 359-64
51 Gauthier CT et al. (2009) Sex and performance level effects on brain activation during a verbal fluency task: a functional magnetic resonance imaging study, Cortex, 45 (2): 164-76
52 Amunts K et al. (2007) Gender-specific left-right asymmetries in human visual cortex, J Neurosci, 27 (6): 1356-64
53 Eliot L (2011) The trouble with sex differences, Neuron, 72 (6): 895-8
54 Moreau D (2013) Differentiating two- from three-dimensional mental rotation training effects, Q J Exp Psychol, 66 (7): 1399-413

55 Neubauer AC et al. (2010) Two- vs. three-dimensional presentation of mental rotation tasks: Sex differences and effects of training on performance and brain activation, Intelligence, 38 (5): 529-39
56 New J et al. (2007) Spatial adaptations for plant foraging: women excel and calories count, Proc Biol Sci, 274 (1626): 2679-84
57 Marx DM et al. (2013) No doubt about it: when doubtful role models undermine men's and women's math performance under threat, J Soc Psychol, 153 (5): 542-59
58 Sommer IE et al. (2008) Sex differences in handedness, asymmetry of the planum temporale and functional language lateralization, Brain Res, 1206: 76-88
59 Mehl MR et al. (2007) Are women really more talkative than men?, Science, 317 (5834): 82
60 Clements-Stephens AM et al. (2009) Developmental sex differences in basic visuospatial processing: differences in strategy use?, Neurosci Lett, 449 (3): 155-60
61 Shaywitz BA et al. (1995) Sex differences in the functional organization of the brain for language, Nature, 373 (6515): 607-9
62 Alexander GM (2003) An evolutionary perspective of sex-typed toy preferences: pink, blue, and the brain, Arch Sex Behav, 32 (1): 7-14
63 Selemon LD (2013) A role for synaptic plasticity in the adolescent development of executive function, Transl Psychiatry, 3: e238
64 http://www.apotheken-umschau.de/Gehirnjogging
65 Brehmer Y et al. (2012) Working-memory training in younger and older adults: training gains, transfer, and maintenance, Front Hum Neurosci, 6: 63
66 Shipstead Z et al. (2012) Is working memory training effective?, Psychol Bull, 138 (4): 628-54
67 Owen AM et al. (2010) Putting brain training to the test, Nature, 465 (7299): 775-8

68 Lee H et al. (2012) Performance gains from directed training do not transfer to untrained tasks, Acta Psychol (Amst), 139 (1): 146-58
69 Engvig A et al. (2012) Memory training impacts short-term changes in aging white matter: a longitudinal diffusion tensor imaging study, Hum Brain Mapp, 33 (10): 2390-406
70 Massa LJ, Mayer RE (2006) Testing the ATI hypothesis: Should multimedia instruction accommodate verbalizer-visualizer cognitive style?, Learning and Individual Differences, 6 (14): 321-35
71 Constantinidou F, Baker S (2002) Stimulus modality and verbal learning performance in normal aging, Brain Lang, 82 (3): 296-311
72 Pashler H et al. (2008) Learning styles concepts and evidence., Psychological science in the public interest, 9 (3): 105-19
73 Bélanger M et al. (2011) Brain energy metabolism: focus on astrocyte-neuron metabolic cooperation, Cell Metab, 14 (6): 724-38
74 Ghosh A et al. (2013) Somatotopic astrocytic activity in the somatosensory cortex, Glia, 61 (4): 601-10
75 Nave KA (2010) Myelination and support of axonal integrity by glia, Nature, 468 (7321): 244-52
76 Schwartz M et al. (2013) How do immune cells support and shape the brain in health, disease, and aging?, J Neurosci, 33 (45): 17587-96
77 Boecker H et al. (2008) The runner's high: opioidergic mechanisms in the human brain, Cereb Cortex, 18 (11): 2523-31
78 Bruijnzeel AW (2009) kappa-Opioid receptor signaling and brain reward function, Brain Res Rev, 62 (1): 127-46
79 Xie L et al. (2013) Sleep drives metabolite clearance from the adult brain, Science, 342 (6156): 373-7

80 Diekelmann S, Born J (2010) The memory function of sleep, Nat Rev Neurosci, 11 (2): 114-26
81 van der Helm E et al. (2011) REM sleep depotentiates amygdala activity to previous emotional experiences, Curr Biol, 21 (23): 2029-32
82 Baran B et al. (2012) Processing of emotional reactivity and emotional memory over sleep, J Neurosci, 32 (3): 1035-42
83 Witte AV et al. (2013) Long-Chain Omega-3 Fatty Acids Improve Brain Function and Structure in Older Adults, Cereb Cortex, doi: 10.1093/cercor/bht163
84 van Gelder BM et al. (2007) Fish consumption, n-3 fatty acids, and subsequent 5-y cognitive decline in elderly men: the Zutphen Elderly Study, Am J Clin Nutr, 85 (4): 1142-7
85 Denis I et al. (2013) Omega-3 fatty acids and brain resistance to ageing and stress: body of evidence and possible mechanisms, Ageing Res Rev, 12 (2): 579-94
86 Pase MP et al. (2013) Cocoa polyphenols enhance positive mood states but not cognitive performance: a randomized, placebo-controlled trial, J Psychopharmacol, 27 (5): 451-8
87 Rendeiro C et al. (2013) Dietary levels of pure flavonoids improve spatial memory performance and increase hippocampal brain-derived neurotrophic factor, PLoS One, 8 (5): e63535
88 Vellas B et al. (2012) Long-term use of standardised Ginkgo biloba extract for the prevention of Alzheimer's disease (GuidAge): a randomised placebo-controlled trial, Lancet Neurol, 11 (10): 851-9
89 Laws KR et al. (2012) Is Ginkgo biloba a cognitive enhancer in healthy individuals? A meta-analysis, Hum Psychopharmacol, 27 (6): 527-33
90 Ramscar M et al. (2014) The myth of cognitive decline: non-linear dynamics of lifelong learning, Top Cogn Sci, 6 (1): 5-42

91 Frankland PW, Bontempi B (2005) The organization of recent and remote memories, Nat Rev Neurosci, 6 (2): 119-30
92 Charron S, Koechlin E (2010) Divided representation of concurrent goals in the human frontal lobes, Science, 328 (5976): 360-3
93 Watson JM, Strayer DL (2010) Supertaskers: Profiles in extraordinary multitasking ability, Psychon Bull Rev, 17 (4): 479-85
94 Strayer DL, Drews FA (2007) Cell-Phone-Induced Driver Distraction, Current Directions in Psychological Science, Psychol Sci, 16: 128-31
95 Sanbonmatsu DM et al. (2013) Who multi-tasks and why? Multi-tasking ability, perceived multi-tasking ability, impulsivity, and sensation seeking, PLoS One, 8 (1): e54402
96 Ophir E et al. (2009) Cognitive control in media multitaskers, Proc Natl Acad Sci USA, 106 (37): 15583-7
97 Strayer DL et al. (2013) Gender invariance in multi-tasking: a comment on Mäntylä (2013), Psychol Sci, 24 (5): 809-10
98 Rizzolatti G, Sinigaglia C (2010) The functional role of the parieto-frontal mirror circuit: interpretations and misinterpretations, Nat Rev Neurosci, 11 (4): 264-74
99 http://www.ted.com/talks/vs_ramachandran_the_neurons_that_shaped_civilization.html
100 Kilner JM, Lemon RN (2013) What we know currently about mirror neurons, Curr Biol, 23 (23): R1057-62
101 Molenberghs P et al. (2012) Brain regions with mirror properties: a meta-analysis of 125 human fMRI studies, Neurosci Biobehav Rev, 36 (1): 341-9
102 Mukamel R et al. (2010) Single-neuron responses in humans during execution and observation of actions, Curr Biol, 20 (8): 750-6

103 Hickok G, Hauser M (2010) (Mis)understanding mirror neurons, Curr Biol, 20 (14): R593-4
104 Hickok G (2009) Eight problems for the mirror neuron theory of action understanding in monkeys and humans, J Cogn Neurosci, 21 (7): 1229-43
105 Umiltà MA et al. (2001) I know what you are doing. a neurophysiological study, Neuron, 31 (1): 155-65
106 Haker H et al. (2013) Mirror neuron activity during contagious yawning--an fMRI study, Brain Imaging Behav, 7 (1): 28-34
107 Norscia I, Palagi E (2011) Yawn contagion and empathy in Homo sapiens, PLoS One, 6 (12): e28472
108 Boring EG (1923) Intelligence as the Tests Test It, New Republic, 36: 35-7
109 Gottfredson LS (1997) Mainstream science on intelligence: An editorial with 52 signatories, history, and bibliography, Intelligence, 24 (1): 13-23
110 Deary IJ et al. (2010) The neuroscience of human intelligence differences, Nat Rev Neurosci, 11 (3): 201-11
111 Hiscock M (2007) The Flynn effect and its relevance to neuropsychology, J Clin Exp Neuropsychol, 29 (5): 514-29
112 Deary IJ et al. (2009) Genetic foundations of human intelligence, Hum Genet, 126 (1): 215-32
113 Kuhl PK (2004) Early language acquisition: cracking the speech code, Nat Rev Neurosci, 5 (11): 831-43
114 Perani D, Abutalebi J (2005) The neural basis of first and second language processing, Curr Opin Neurobiol, 15 (2): 202-6
115 Fjell AM et al. (2009) High consistency of regional cortical thinning in aging across multiple samples, Cereb Cortex, 19 (9): 2001-12
116 Sullivan EV, Pfefferbaum A (2006) Diffusion tensor imaging and aging, Neurosci Biobehav Rev, 30 (6): 749-61
117 Davis SW et al. (2008) Que PASA? The posterior-anterior shift in aging, Cereb Cortex, 18 (5): 1201-9

118 Grady C (2012) The cognitive neuroscience of ageing, Nat Rev Neurosci, 13 (7): 491-505
119 Rast P (2011) Verbal knowledge, working memory, and processing speed as predictors of verbal learning in older adults, Dev Psychol, 47 (5): 1490-8
120 Degen C, Schröder J (2014) Training-induced cerebral changes in the elderly, Restor Neurol Neurosci, 32 (1): 213-21
121 Boyke J et al. (2008) Training-induced brain structure changes in the elderly, J Neurosci, 28 (28): 7031-5
122 Luk G et al. (2011) Lifelong bilingualism maintains white matter integrity in older adults, J Neurosci, 31 (46): 16808-13
123 Kroll JF, Bialystok E (2010) Understanding the Consequences of Bilingualism for Language Processing and Cognition, J Cogn Psychol, 25 (5)
124 Libet B et al. (1983) Time of conscious intention to act in relation to onset of cerebral activity (readiness-potential). The unconscious initiation of a freely voluntary act, Brain, 106 (3): 623-42
125 Herrmann CS et al. (2008) Analysis of a choice-reaction task yields a new interpretation of Libet's experiments, Int J Psychophysiol, 67 (2): 151-7

國家圖書館出版品預行編目 (CIP) 資料

打破大腦偽科學：右腦不會比左腦更有創意，男生的方向感也不會比女生好 / 漢寧．貝克 (Hennig Beck) 著；顏徽玲，林敏雅譯．-- 初版．-- 臺北市：如果出版：大雁出版基地發行，2018.08
面； 公分
譯自：Hirnrissig : Die 20,5 größten Neuromythen - und wie unser Gehirn wirklich tickt
ISBN 978-986-96638-8-5(平裝)

1. 腦部 2. 通俗作品

394.911 107013345

打破大腦偽科學：
右腦不會比左腦更有創意，男生的方向感也不會比女生好

Hirnrissig: Die 20,5 größten Neuromythen - und wie unser Gehirn wirklich tickt

作　　者——漢寧・貝克（Henning Beck）
譯　　者——顏徽玲、林敏雅
審　　訂——蔣立德醫師
封面設計——萬勝安
責任編輯——鄭襄憶
校　　對——陳正益
行銷業務——郭其彬、王綬晨、邱紹溢
行銷企劃——陳雅雯、張瓊瑜、余一霞、汪佳穎
副總編輯——張海靜
總 編 輯——王思迅
發 行 人——蘇拾平
出　　版——如果出版
發　　行——大雁出版基地
地　　址——台北市松山區復興北路 333 號 11 樓之 4
電　　話——02-2718-2001
傳　　真——02-2718-1258
讀者傳真服務——02-2718-1258
讀者服務信箱 E-mail——andbooks@andbooks.com.tw
劃撥帳號——19983379
戶　　名——大雁文化事業股份有限公司
出版日期——2018 年 8 月 初版
定　　價——320 元
I S B N——978-986-96638-8-5

歡迎光臨大雁出版基地官網
www.andbooks.com.tw
訂閱電子報並填寫回函卡